ARTIFICIAL
INTELLIGENCE

人人都应该知道的
人工智能

［美］杰瑞·卡普兰（Jerry Kaplan）◎著　　汪婕舒◎译

浙江人民出版社
ZHEJIANG PEOPLE'S PUBLISHING HOUSE

JERRY
KAPLAN
杰瑞·卡普兰

人工智能时代领军人

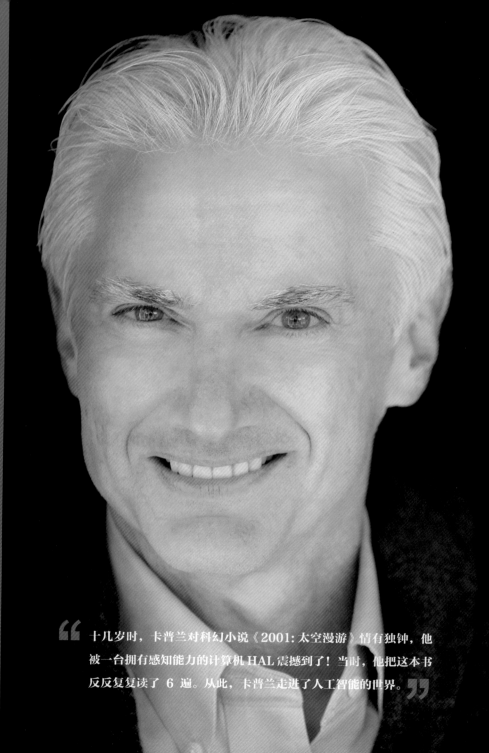

十几岁时，卡普兰对科幻小说《2001：太空漫游》情有独钟，他被一台拥有感知能力的计算机 HAL 震撼到了！当时，他把这本书反反复复读了 6 遍。从此，卡普兰走进了人工智能的世界。

ARTIFICIAL INTELLIGENCE

一部《2001: 太空漫游》
造就的斯坦福大学人工智能专家

1952年3月25日, 杰瑞·卡普兰在美国历史名城怀特普莱恩斯市(White Plains)出生。在他十几岁时, 美国启动了备受世人瞩目的"登月计划", 想要把人类送到美丽、迷人的月球之上。在这股风潮之下, 众多科幻小说如雨后春笋般浮现, 其中不乏艾萨克·阿西莫夫(Issac Asimov)、罗伯特·海因莱因(Robert Heinlein)和亚瑟·克拉克(Arthur Clark)这些影响全球的科幻小说大家的作品。不过, 在这些耀眼的明星中, 卡普兰唯独对克拉克的小说《2001: 太空漫游》情有独钟, 他被拥有感知能力的计算机 HAL 震撼到了! 他把这本书反反复复读了6遍。当时, 他和两个朋友反复地阅读这本书, 其中一个朋友因此进了好莱坞, 实现了自己的导演之梦, 而卡普兰则走进了人工智能的世界。

卡普兰的大学时光是在芝加哥大学度过的。在那里, 他攻读了历史与科学哲学专业。随着时间的流逝, 他对《2001: 太空漫游》的痴迷并无一丝消退, 几年后, 他带着那份热爱, 又考进了宾夕法尼亚大学计算机科学专业。尽管只有文科背景, 但他很快就成了明星级的人物。在 5 年的学习中, 他在所有课程中的表现都近乎完美。毕业后, 卡普兰被斯坦福大学人工智能实验室聘为助理研究员。

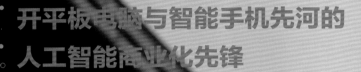

开平板电脑与智能手机先河的
人工智能商业化先锋

> 卡普兰设计了世界上第一台笔触式计算机，这也预示了
> 十几年之后 iPhone 和 iPad 的出现。

当卡普兰来到斯坦福大学的时候，正赶上人工智能的第一个黄金时代——人工智能先驱侯世达（Douglas Richard Hofstadter）和后来将人工智能技术带向华尔街并将它变成了数十亿美元对冲基金的"宽客之王"大卫·肖（David Shaw）都在这所学校里。当时的斯坦福大学，学术界和商界之间的围墙已经逐渐坍塌，对投资和创业的狂热几乎无处不在。卡普兰也迅速变成了一位"商业开发"人士，他耗费数个夜晚编写了世界首款全数字音乐键盘音乐合成器 Synergy。这款软件后来被用来制作电影《创：战纪》（*Tron:Legacy*）的原声音乐。之后，他写出了第一代计算机自然语言查询系统的后台数据库，这一系统成为杀毒软件公司赛门铁克（Symantec）的第一代产品Q&A。在任职莲花公司（Lotus Development Corporation）首席工程师时，他还开发出了Outlook这类应用的前身软件Lotus Agenda。

1982年，卡普兰创建了硅谷最为传奇的公司——Go 公司，并设计了世界上第一台笔触式计算机，这也预示了十几年之后 iPhone 和 iPad 的出现。

ARTIFICIAL
INTELLIGENCE

ARTIFICIA INTELLIGENC

影响美国前国务卿希拉里的政策倡议

对于卡普兰的父辈来说,"美国梦"无疑代表的是经济上的改善,他们只希望下一代能过得比自己好。但对于卡普兰来说,他对未来的期望远不止于此。一直以来,周遭的社会都存在着收入差距悬殊、阶级流动性低等问题,这使得所有孩子都生活在一个靠关系和物欲说了算的世界里,这样的世界缺乏自由和公正。

随着智能时代的到来,社会将面临前所未有的转变,我们如何才能驾驭这些新

容错过,也正因为此,卡普兰受到前国务卿希拉里的青睐。2016年日,希拉里亲自到卡普兰的家中讨政策问题。

献给我的母亲

米基·卡普兰（Mickey Kaplan），

请再坚持一下，

您的养老机器人就快问世了！

未来的故事

牛津大学出版社的"人人都应该知道的事"系列丛书旨在用简洁客观的启蒙读本和问答形式来探讨目前存在或即将到来的复杂的社会问题。本书的主题是人工智能（Artificial Intelligence，简称 AI）。经过 60 多年的发展，人工智能正在改变我们生活、工作和社交的方式，甚至可能改变我们对自身在宇宙中所处地位的看法。

大多数与人工智能相关的书籍要么是入门教材，要么是对某个子学科或者研究机构的评述，或者是某个学者或未来学家（比如我）的预言。但在《人人都应该知道的人工智能》这本书里，我试着用简洁的语言来探讨人工智能在未来几十年里可能带来的一些复杂的社会、法律和经济问题。

在《人人都应该知道的人工智能》这本书中，我没有把重点放在技术细节上，而是试着概述一些存在重要争论的基本问题和各方论点，例如机器是否会变得比人类聪明和如何赋予它们法定权利。还有，能自我学习、灵活多变的新一代机器人将如何影响劳动力市场和收入不均的现象。这些都是极富争议的话题。我在此提出的许多问题，在人数众多、气氛活跃的学者社群里也在激烈地争论着。我不打算进行面面俱到的文献综述，也不准备对每种观点都花费同样多的笔墨。当然了，并不是所有人都赞同我的观点。为了帮助你分辨我和其他人的观点，每当我开始陈述自己的见解时，就会采用第一人称的视角，以示区分。

在适当之处，为了让论述更生动，我会使用当下正在进行的项目或应用来举例，以阐明论点。但是，由于人工智能的发展非常迅速，我并不打算对目前最新的发展状况做出完整的纵览，因为这样做注定将是不完整的，并且很快就会过时。相比之下，我会提及一些更引人注目的思想者和项目作为入门，好让感兴趣的读者可以继续深入研究。因此，本领域的理论家和从业者可能会发现，与他们所习惯的专业期刊和学术论坛比起来，我这个方法更随意。为此，我先行致歉。

总的来说，《人人都应该知道的人工智能》这本书不打算宣传原创研究，也不准备对该话题进行深入探讨，更不能作为新入行的从业者的教科书。相反，这本书的目的是向好奇的非技术读者提供一条捷径，一份扼要且易读的简介，让他们了解这个话题，以及这项重要技术在未来可能造成的影响。

现在，让我们通过一个问题来热热身：你为什么应该读这本书？

近年来，机器人、认知科学和机器学习领域取得了很大的进步。计算机技术的发展越来越快，使得其在特定领域或特定任务上比肩甚至超越人类的新一代系统成为可能。这些系统的自动化程度远超过大多数人的认知水平。它们可以从自己的经验中学习，并能采取其设计者都想不到的行动。"计算机只能做人类安排它们做的事"这一广为流传的既定认知已经不再适用。

机器在智能和体能方面的进展将改变我们生活、工作、娱乐、寻找伴侣、教育子女和照顾老人的方式。它们还将颠覆我们的劳动力市场，对社会秩序进行重新洗牌，并让私营企业和公共机构都面临紧张的局面。不管我们是否认为它们拥有意识，也无论我们是将它们视为一种新的生命形式还是聪明的家用电器，都无关紧要。无论如何，它们都极有可能会在我们的生活中扮演越来越重要和密切的角色。

能独立思考和行动的系统会带来一些严肃的问题。例如，它们应该为谁的利益服务？社会应该为它们的制造和使用设置什么样的限制？困扰哲学家多年的一些深奥的伦理问题陡然降临于我

们这代人的法庭之上。机器是否应该为自己的行为负责？智能系统应不应该享受独立的权利和义务？或者，它们是否只能算别人的财产？如果无人驾驶汽车撞死路人，应该由谁来负责？你的私人机器人能否帮你排队或者被迫做出不利于你的证词？如果你把思想上传到一台机器里，那这台机器算是你吗？这些问题的答案可能会让你大吃一惊。

解决这些问题并不容易，因为当前公众的观念主要是由好莱坞电影，而非事实所塑造的。相比之下，我们应该从历史中，从我们与奴隶、动物和公司的关系中，从我们对待女性、儿童和残疾人的态度变化中去寻找方向。

在接下来的几十年里，人工智能将会肆意拉扯我们的社会结构直至极限。未来会像《星际迷航》（*Star Trek*）中那样空前繁荣与自由，还是会像《终结者》（*Terminator*）中那样爆发人与机器之间无尽的战争，将很大程度上取决于你我的行动。如果你想要塑造未来，那么，这本书里就有你必须知道的一切。

ARTIFICIAL

INTELLIGENCE

01

重新定义人工智能

什么是人工智能？这个问题，问起来容易，回答起来难。原因有二。首先，人们对"什么是智能"没有达成广泛的共识。其次，至少就目前来看，没有足够的理由相信机器智能（machine intelligence）与人类智能（human intelligence）有很大的关系。

人们为人工智能下了很多定义。这些定义各有千秋，但基本上都围绕着一个概念——如何创造出一些计算机程序或者机器，让它们能够做出一些如若被人类实施则会被我们视为智能的行为。该学科的开创者约翰·麦卡锡（John McCarthy）在 1955 年将该过程描述为"让机器的行为看起来就像是人类所表现出来的智能行为一样"[1]。

然而，这种描述人工智能的方法看似合理，实际上却隐藏着深层的缺陷。举例而言，请设想一下定义人类智能有多难，更别提对智能进行测量了。我们的文化总是喜欢将事物还原成数字来度量，方便直接比较，但这种偏好却常营造出看似客观和精确的错觉。很显然，对智能这样主观和抽象的东西进行量化，亦是如此。小萨莉得到了幼儿园最后一个宝贵的招生指标，只因她的 IQ 比小约翰高了 7 分？！拜托——麻烦找点更公平的方法来决定吧。许多人试图应对这种过于简化的模型，其中一个例子就是发展心理学家霍华德·加德纳（Howard Gardner）。他提出了一个极富争议的理论框架——多元智能理论，认为人的智能是多维的，从"音乐 – 节奏智能"到"身体 – 动觉智能"，再到"自然观察智能"，总共包含 8 个维度[2]。

不过，至少在某些语境下，说一个人比另一个人更聪明是有意义的。有一些测量智能的指标被人们广为接受，并与其他指标高度相关。例如，对数列进行加减的速度和准确度被广泛用来测量学生的逻辑能力和计算能力，同时还与关注细节的能力有关。但是，把同样的标准运用在机器身上，是否合理呢？在计算这个任务上，售价 1 美元的计算器就能轻而易举地打败所有人类，根本不费吹灰之力。在第二次世界大战之前，计算器的英文"calculator"指的是计算员，这是一种熟练计算的技术工。有趣的是，计算员通常是女性，因为人们相信，在这种艰苦的工作上，女性比大多数男性更仔细。那么，计算的速度是否可以看成是评判机器拥有卓越智能的标志呢？当然不能。

在对比人类智能和机器智能时，有一件大多数人工智能研究者都同意，却让问题变得更复杂的事，那就是"你如何解决这个问题"和"你能否解决它"同样重要。要理解这一点，可以想象一个会玩井字棋（tic-tac-toe，也叫 noughts and crosses）的简单的计算机程序。在井字棋中，玩家们需要在一个 3×3 格子的棋盘上轮流画出 × 或者○符号，直到其中一个玩家将三个相同的符号在横、纵或对角线方向连起来就算赢（如果所有格子都填满了却没有连起来，那么这种情况算平局）。

在井字棋中，一共有 255 168 种可能的棋局过程。在当今的计算机学界，很容易通过一些方法玩出一局完美的游戏，这些方法包括：生成所有可能的棋局过程、标记出其中的胜局，以及在表格中查阅每一步的走法。这些对今天的计算机来说是相当简单的事情[3]。但大多数人都不会认为这种微不足道的小程序算得上人工智能。现在，请想象另一种方法：一个计算机程序事先并不知道游戏规则，但它通过观察人类玩这个游戏的过程，不仅了解了怎样才算获胜，还学到了哪些策略最有可能胜出。比方说，它可能会学到：每当一个玩家将两个符号连起来时，对方玩家就必须堵上第三个位置；或者，如果一个玩家占领了三个角并且每两个角之间为空，那通常会获胜。假如存在这种程序，那么大多数人都会同意它算得上人工智能，尤其是因为它能够在没有任何指导或指令的情况下获得所需的专业技能。

但是，并非今天所有的游戏（当然，也并非所有有趣的问题）都能轻易地通过井字棋这种"列举法"来解决[4]。与井字棋相比，象棋大约有 10^{120} 种可能的棋局过程，远远超过宇宙中原子数目的总和[5]。因此，很多人工智能研究都可以看作是在尝试为那些因为某些理论和实践的原因，而既不能用确定性分析，也不能用列举法来解决的问题寻找可接受的解决方案。但是，仅这一条描述还不够，许多统计学方法都符合这个标准，但很难被称为人工智能。

然而，有一件虽不符合直觉但却符合实践的事是："从数量极其庞大的可能性中挑选出一个答案"和"凭直觉通过洞察力和创造力得到一个答案"二者似乎是等价的。关于这个悖论，一个更常见的表述是：足够多的猴子在足够多的键盘上最终能敲出莎士比亚全集。一个更现代的版本是：一段特定音乐的每个可能的演奏版本都能用一个有限的 MP3 文件集合中的某个文件来表现。从该文件集合中挑选出那个特定的音乐文件的能力，与录制该集合的能力相比，是否拥有同等的创造性？很显然，二者并不相同，但或许这两种技能都值得我们喝彩。

当我们给学生的作业打分时，通常不会考虑他们究竟是如

何完成作业的，我们假定他们只使用了自己的大脑和一些必要的工具，例如纸和笔。那么，为什么将机器作为测验对象时，我们就要关心机器是如何完成的呢？因为我们理所当然地认为，人类在完成任务时使用的是某种与生俱来或后天习得的能力，而这种能力从本质上说能够推而广之，应用在十分广泛的相似问题上。然而，当一台机器在同样的任务上表现相同甚至更加优秀时，我们却不相信机器也拥有同样的能力。

将人类的能力作为评判人工智能的标尺还有另一个问题。机器可以完成很多人类无法完成的任务，而其中许多似乎都能体现出智能。一个安全程序可以在短短 500 毫秒内从一段不寻常的数据存取请求模式中嗅出网络攻击的味道；一个海啸警报系统可以根据海平面高度的变化来发出警报，这些变化反映了海底复杂的地形，对人类来说根本难以察觉；一个药物开发程序可以在成功的治癌化合物中寻找过去从未被人类注意到的分子组合，从而提出一种新的混合药物。在未来，这些系统将会变得越来越常见，但并不代表它们可以与人类的能力相提并论。然而，我们还是可能会将这些系统看作人工智能。

还有一个智能的标志是，看我们犯的错误是否合理。每个人，甚至智能机器都会犯错，但是某些错误却比其他错误更合理。理解和尊重自身的局限，允许出现合理的错误，是拥有专业技能的标志。想一想将语音转换成文字有多难吧！如果一个法庭速记员无意中将"她犯了一个错（She made a mistake），从而导致了他的死亡"听成了"她为他煎了一块牛排（She made him a steak），从而导致了他的死亡"，这个小错是无伤大雅可以原谅的[6]。但是，当谷歌语音（Google Voice）把"用常识来识别语音"（recognize speech using common sense）错听成"报复一个美丽的海滩，你平静地唱歌焚香"（wreak a nice beach you sing calm incense）时，却招来了人们无情的嘲讽，一部分原因是我们认为它作为一个专门的语音识别软件，在自己的专长领域内应该更游刃有余才对[7]。

是真正的科学，还是科幻故事

过去几十年里，人工智能领域从萌芽期（玩游戏，例如井字棋和象棋）开始，步入了青春期（挑战未知的问题、学习新技能、探索真实世界、寻求和发现自身的局限）。但是，它将来能否继续成长为一个成熟稳重、羽翼丰满的学科呢？

我个人认为，许多领域都是等到出现了数学形式系统以提供坚实的理论基础之后，才得以大展拳脚，并取得了实质性的进展。例如，伯纳德·黎曼（Bernhard Riemann）的非欧几何为爱因斯坦的时空弯曲理论搭建了舞台。更近一点，克劳德·香农（Claude Shannon）1937年在麻省理工学院时写的硕士论文中第一次提出了电子电路可以用布尔代数来建模（通常称为二进制算法），从而奠定了现代计算机的基础[8]（正是因为他，我们今天才把计算机的处理过程称为"0和1"）。在那之前，电子工程师主要是将奇奇怪怪的电子元件拼凑成电路，然后观测它们的行为——我的小玩意儿把交流电（AC）整流成直流电（DC）的本事比你的厉害，但可别问我为什么。

今天的人工智能会议偶尔也会让人产生类似的感觉，尤其是当某一个团队的算法在一连串年度大赛中都优于另一个团队时。但是，智能是否也容易用理论来分析呢？它是不是在等待某位具备数学思维的工程师的顿悟呢？这是解决另一个问题的关键，那就是：人工智能究竟是一个单独的学科，还是只是计算机科学中的"Lady Gaga"——给数字穿上花哨的拟人戏服，攫住公众的想象和大量投资，就像大篷车马戏团的伎俩一样，总是倾向于夸张和傲慢，让我们不禁怀疑这一切究竟是真实的，抑或只是个小把戏。

这引出了我对人工智能内涵的个人看法。人工智能的本质（实际上也是智能的本质）就是基于有限的数据，及时做出适当概括的能力。应用的范围越广，从最少的信息中得出结论的速度就越快，行为也就会越智能。如果用玩井字棋的程序能够学习玩其他任何棋盘游戏，那就更好了。如果它还能学习识别人脸、诊断病症和用巴赫风格来谱曲，我相信我们都会同意它是人工智能。其实现如今，已有一些程序可以完成上述单个任务。不管它的过程是否与人类相同，也不管它是否看起来像人类一样拥有自我意识，都似乎无关紧要。

要做出一个好的概括，就需要考虑最广的可用情境。某一条路经常堵车，根据今天是节假日，天气很不错，推测今天去海边的人应该很多，而这条路是去海边最近的路，所以你决定绕开它，那么你就在进行这种概括。如果你的邮件程序根据一封邀请你在"最近的星期二"参加电话会议的电子邮件而建议你为此设置一个日历事项，并根据发件人位于另一个时区的事实而将会议时间设置为 8 天以后而不是明天，并为了你的方便而将该日历事项与该发件人在你通讯录里的联系人条目关联起来，那么，你的邮件程序也是在从多个知识来源进行类似的概括[①]。假如你的邮件程序根据你总是拒绝该会

---

① 这个例子可能会让中文读者感到有点困惑。原书中的会议时间是"next Tuesday"。中文语境下，"下星期二"指的是下星期的星期二，而不管今天是星期几。而在英语语境中，"next Tuesday"并不是指"下星期二"，而是指的"今天过后的第一个星期二"。如果今天是星期一，那"next Tuesday"指的就是明天；如果今天是星期二，那就指的是下星期的星期二。在本例中，收到邮件的日子是星期一，但发件人处于另一个时区，当地已经是星期二了。如果邮件程序不具备理解时区的能力，它将把会议时间设定为本周的星期二，也就是"明天"。但由于它具备概括时区的能力，所以它理解了发件人的意图，很"智能"地将会议设置在 8 天之后，也就是下星期的星期二。为了避免混淆，我在此将"next Tuesday"翻译成"下星期二"，而是翻译成"最近的星期二"，以示区别。——译者注

议邀请的事实而不再建议你建立日历事项，它也是在基于情境进行概括。实际上，学习可以被看作依时序的连续概括过程，采取的方式是归纳过去的经验以用于未来的分析，就像类比推理是将某个领域的知识进行概括并推广到全新的情境中一样。有时候，当你面临新挑战时，你必须长途跋涉，去远方寻求指引。但倘若能审慎行事，结果就会看起来非常智能。已有令人信服的线索表明，对情境进行扩展可能正是人类意识的基础，我将简单地讨论一下这一点。或许，智慧正孕育自广博之中。

许多科学家都试图通过研究人脑的详细结构来探寻人类心智的深度（或至少蜻蜓点水般地触及其表面），一部分目的是为了揭示人类非凡的认知智能是如何实现的。他们所面临的谜题是：相对简单和同质化的生物单元（神经元）是如何通过相互连接来实现如此变化无穷的非凡壮举的，例如存储记忆、处理视觉信息、控制身体、生成情绪、指引行为和产生关于"自我"存在的感觉。尽管看起来令人百思不得其解，但这似乎就是事实。那么，谁又能断言，一个相对简单但能自由地获取足够多的计算资源和输入数据的计算机程序不能做到同样的壮举呢？

人工智能会不会像科幻作品中经常描述的那样，突然"活过来"呢？不用害怕。在我花了大半辈子徜徉于愈发精巧的人工智能内部世界之后，我还没有见过一丝一毫的证据表明我们在可预见的未来可能会迈向那个方向。相较之下更有可能发生的事情是，那些被认为需要人类创造力的任务会比我们想象的更容易被自动化所取代。"智能是一个清楚的概念，可以用形式化的方式来分析、测量和复制"这个观点或许只是一个错觉。

人工智能可能还算不上硬科学，不像物理学或化学那样需要用客观事实来确认和验证其理论和假说，但它最终可能也会变成那样[9]。如果聪明的程序或设计算不上人工智能，那到底什么算人工智能？这个问题尚处在争论中，但我们不应该被争论分心，而应该意识到一个重要的事实：这项技术会影响我们珍视的许多事物，包括我们的职业和自我意识。目前，我们可能还没法为人工智能下一个定义，但我相信大多数人的感受就像美国最高法院的波特·斯图尔特（Potter Stewart）法官在谈及色情时所说的那句名言一样："当我看到它的时候，我就知道是它了。"[10]

某份工作的最佳"人"选可能正是一台机器

关于这个问题，简而言之，是的，但仅在一些有限的方面。未来，公众的意见可能会发生转变，承认计算机在相当广泛的智力任务上通常都优于人类，但这并不意味着机器会控制或淘汰人类。我后文会进行解释。汽车跑得比我们快，ATM机数钱比我们快，照相机能在黑暗中看见物体，但我们并不认为它们会威胁我们的地位。计算机程序能玩游戏，能从人群中识别熟悉的面孔，还能比人类更好地推荐电影，但很少会有人被这些能力所吓到。如果机器人能够做脑科手术、粉刷房屋、理发、帮人们寻找丢失的钥匙，到那个时候，我预计我们会把它们视为非常有用的工具，能完成过去必须要人类智能才能完成的任务，因此，我们会难以抗拒为它们冠以"聪明"之名的冲动。

但是，当我们说它们很"聪明"时，必须非常小心地限定我们的意思。当"智能"一词用在机器身上时，很可能只适用于那些目标易于制定和测量、定义十分明确的活动，例如，除草了吗？我是否准时到达了目的地？明天会下雨吗？我的税单正确吗？不适用于那些标准更加主观的活动，例如，我穿哪条裙子更好看？我应该选择哪所大学？我应该和比利结婚吗？我要怎样安慰输了足球赛的女儿？

历史上，总是有人做出"计算机永远不能做某事"的错误预言，所以我在选择例子时感觉如履薄冰。毫无疑问，我们肯定能写出一些似乎能对这些主观问题或需要判断力的问题进行回答的计算机程序，但我认为，人类的答案会比计算机的答案更可取，更容易理解，也更明智一些。

未来，我们最终可能会接受机器比人类"更智能"这个事实。尽管这句话现在听起来让人很不舒服，但是到它成为现实的那一天，它会和过去许多技术一样，虽然曾经令人恐惧，但后来都变得司空见惯，例如体外受精（试管婴儿）、曾被认为会让儿童变得麻木和愚蠢的电视机，以及可怕的唱片音乐（recorded music，这是我的最爱）[11]。即便会变得司空见惯，人工智能研究者还是很难逃脱人们的责难。众所周知，他们总是过于乐观，这是批评家，特别是哲学家休伯特·德雷福斯（Hubert Dreyfus）最爱诟病的地方[12]。

请注意，这个问题与"计算机是否会取代人类目前所有的工作和活动"是不同的[13]。我们做某些事情的原因是因为我们喜欢做，这其中也包括了工作。正如我一个学生有一次在做问答题时讽刺地说道，我们之所以要开发下象棋的计算机程序，"是为了摆脱我们必须自己下象棋的苦恼"。

若想理解计算机为什么能够在各种实际应用中超越人类智能，或许应该先看看一个简单的事实：今天，计算机在很多任务上已经超越了人类，包括一些我们一直认为需要人类智能的事情，比如驾驶汽车、参加益智问答类的电视节目《危险边缘》①、

---

① 《危险边缘》（*Jeopardy*）是美国哥伦比亚广播公司的一个益智问答游戏节目。2011 年初，IBM 公司的人工智能沃森（Watson）战胜了该节目历史上两位最成功的选手，获得了冠军。——译者注

预测战争、撰写新闻摘要等 [14]。现在请想一想，我们为什么会认为这些事需要不同的能力？如果一个程序能完成多个任务，即便它暂时还不能把某些事情（例如写小说）做到完美无缺，它"看起来"也好像具备了通用智能（generally intelligence）一样 [15]。然而，这种"看起来"其实只是个虚无缥缈的海市蜃楼。

一台机器能完成的任务越来越多，是否意味着它相较人类而言就变得越来越智能了呢？为了回答这个问题，请想一想你的智能手机。它取代了过去许多不同的工具，如照相机、手机、音乐播放器、导航系统，甚至包括手电筒和放大镜，它将这些功能统统塞进了一个盒子里。但是，每当你下载一个新应用时，你是否觉得你的手机变得"更加聪明"了呢？我认为没有。不管它多么能干，它都只是一个瑞士军刀一般的信息处理设备，将许多有用的工具巧妙地集合于一体，组成一个方便携带的工具。

有人可能会争辩说，不同的功能可以互相融合，互相巩固。不同功能涉及的不同方法可以互相融合，形成一个体积越来越精简、通用性却越来越高的方法集合。不同的技术之间总是倾向于互相"融合"，这个事实可能有点出人意料，因为虽然每天都有无数新奇的小玩意儿诞生，但大多数都发生在人们的视线之外，或被隐藏起来了。这个融合趋势在软件发展史上也很明显。例如，曾经有一个年代，每个想要在计算机里存储信息的公司都必须自己编写适用于自身数据的数据库管理系统。随着这些系统的共性变得越来越明显，一些标准形式（特别是联网和分层的数据模型）出现了。这些标准模型互相竞争，但最终都被一个模型所取代，这就是关系数据库模型（relational database model）。今天，关系数据库模型被广泛使用于各种商业应用 [16]。

正如前文所述，这些并不意味着未来的计算机一定会用人类的方式来执行任务。在稍后的章节中，我将更详细地介绍机器学习。过去几年中最惊人的一件事就是，当案例的数量足够多时，相对简单的统计学模型也能完成一些原本需要理解力和洞察力的任务。例如，机器翻译已经在一个较低水平上停滞了很多年，但如今，该领域的发展势头十分迅猛，并已成功翻译了许多文本 [17]。这听起来或许有点令人不安，但你必须意识到，每次你提出一个问题或者执行一次搜索，你都是在帮助那些为你寻找答案的计算机变得更聪明，以及更能满足人类的需求。

计算机拥有超凡的速度、精度和记忆力，因此，在执行像下象棋或翻译文本这样的任务时，它们采用搜索答案的方法更高效。人类采用的方法不同，但效果更好。然而，自动化的发展正在把"唯有人类才能完成的任务"一项一项地划

掉。对普通人来说，人类智能与机器智能之间的界限可能会变得逐渐模糊，变得无关紧要。有时候，某份工作的最佳"人"选可能正是一台机器。

ARTIFICIAL

INTELLIGENCE

02

人工智能的从 0 到 1

　　历史上，"人工智能"这个词第一次出现可以追溯到 1956 年。当时，一个特殊人物，约翰·麦卡锡正在美国新罕布什尔州汉诺威市的达特茅斯学院（Dartmouth College）担任助理教授。麦卡锡与其他三位更资深的研究者——哈佛大学的马文·明斯基 ①、IBM 的内森·罗切斯特（Nathan Rochester）和贝尔实验室的克劳德·香农一起在达特茅斯学院举行了一个探讨"人工智能"的暑期会议。一些杰出的研究者参加了会议，他们中的许多人后来在这个领域做出了奠基性的贡献。

　　在最初提交给洛克菲勒基金会的会议经费申请书中，他们写道："这项研究是基于以下推测：从本质上说，我们可以

---

① 马文·明斯基（Marvin Minsky）是人工智能之父、麻省理工学院人工智能实验室联合创始人。其经典著作《情感机器》剖析了人类思维的本质，为大众创建会思考、具备人类意识和自我观念的情感机器提供了一份路线图。此书中文简体字版已由湛庐文化策划，浙江人民出版社出版。——编者注

十分精确地描述学习等智力特征的每个方面，以至于可以用机器对它们进行模拟。我们将研究如何让机器使用语言、进行抽象思考和形成概念，让它们解决目前只能由人类解决的问题，并进行自我改善。"[1]

麦卡锡为这次会议选择了"人工智能"这个词，一部分原因是为了与他的同事正在研究的控制论（cybernetics）区分开来。控制论是当时已经建立起来的学科，是"关于在动物和机器中控制与通信的科学"，主要研究动物和机器如何使用反馈来调整和纠正它们的行为[2]。相比之下，麦卡锡和他的许多同事却是符号逻辑（symbolic logic，又称数理逻辑）的狂热粉丝。符号逻辑是数学的一个分支，是用符号来表示概念和命题，然后定义各种转换过程，利用符号进行演绎推理，从而从假说中得出结论（或者进行归纳推理，从结论中反推出假说）。例如，可以用一些符号来分别表示"苏格拉底""人""终有一死"以及命题"苏格拉底是一个人""人终有一死"。从中，你就可以在形式上得出"苏格拉底终有一死"这个结论。但大多数研究符号逻辑的数学家并不关心命题证明，也不在乎如何把这种方法应用在特定的问题上，他们只关心逻辑系统的理论特征，例如搞清楚这些系统能做什么和不能做什么。

尽管如此，电子计算设备的出现还是意味着符号逻辑理论或许终能在实践中发挥作用。毕竟，计算机在第二次世界大战中已经证明了自己的能力，它们被有效地运用在许多任务上，例如弹道计算（让大型武器瞄准目标）、加密、解密和破译密码等。在这个历史背景下，达特茅斯会议可以被看作一次尝试，目的是将计算机应用由数字和信息处理扩展到符号应用上。会议结束后，麦卡锡继续推进这项工作，并在该领域内创造出了许多对后世影响重大的发明。特别值得一提的是，一门优美的编程语言 LISP，也就是"列表处理"（list processing）的缩写，而不是口齿不清 ①。多年前，我曾有幸与麦卡锡交谈过，我记得他口齿非常清楚，浑身散发着天才的光辉。这种光辉曾笼罩过爱因斯坦，也曾在电影《回到未来》（*Back to the Future*）中，在克里斯托弗·劳埃德（Christopher Lloyd）饰演的布朗博士身上散发过。

让机器去模拟人的智能

达特茅斯会议的提案包含的话题广泛得惊人，其中包括神经元网络（neuron nets），这是当今最强大的人工智能技术的前身；还包括用计算机来处理人类语言。我在后文将对这两个话题进行简要介绍。

提案中的一些陈述表明了与会者的观点。例如，麦卡锡显然相信计算机可以模拟许多，甚至所有高级的人类认知功能。

① 小写的单词"lisp"在英语中指一种发音障碍，主要是咬着舌说话，无法正确发出"S"音。
——译者注

正如他所说："当今计算机的运算速度和内存还不足以模拟人脑的许多高级智能，但最大的障碍并不是机器缺乏这种能力，而是我们还无法写出正确的程序来充分利用手中的资源……或许，一个真正智能的机器能实现'自我改进'……有一个相当诱人但显然还不够完善的推测是：创造性思维和非想象力思维之间的区别，仅在于一点点随机性。这点随机性必须接受直觉的指引，才能有效地发挥作用。换句话说，凭经验或直觉进行猜测的过程，就是在原本有条不紊的思维中添加了受控的随机性。"[3] 所有这些略显即兴的言论都发生在该领域的重要研究出现之前。

但从某种意义上说，该提案其实很不靠谱。比如说，它的推测实在过于乐观："我们认为，如果仔细甄选一些科学家组成一个团队，在一起工作一个夏天，就能在一个或多个问题上取得重大进展。"[4] 我们并不清楚这个会议究竟取得了什么进展（他们承诺的总结报告也从未面世），但这可能是人工智能从业者在历史上第一次给出过于乐观的错误预测和虚假希望。在之后的很多年里，他们在预测未来成果和实现时间等问题上，一次又一次地重复着这个错误。因此，与很多普通的领域不同，人工智能领域的投资和进展经历了几次大起大落，形成了周期性的"人工智能寒冬"（AI winters）。每次"人工智能寒冬"来临之时，政府和产业投资者就对人工智能完

全失去了兴趣。实际上，该领域也招致了许多深度思想家的敌意，例如我之前提到过的加州大学伯克利分校的休伯特·德雷福斯和约翰·塞尔（John Searle）[5]。

或许，达特茅斯会议的提案中最非凡但却最被人忽视的成就便是，提出了"人工智能"这个词。无心插柳柳成荫，这个词的影响力已经不再局限于它根植的学术界，还在学术界之外吸引了无数人的兴趣和注意力。虽然麦卡锡在其一生中并未展现出对酝酿精彩标语的兴趣或在这方面的天赋，但他选的这个词却让媒体、公众和娱乐界着迷许久。这个成就让所有最成功的职业广告人羡慕不已。一些人认为人工智能的实际运行方式与神秘的人脑有关，但这只是人们一厢情愿的猜测罢了。从实践的角度看，人工智能是一个工程学科，它与生物有机体的联系在很大程度上只是作为比喻和受其启发。在一些相关领域，特别是认知科学和计算神经科学（computational neuroscience），与生物学的关系更紧密一些。

人们总是试图将机器智能和人类智能联系起来，但这种行为很容易模糊和歪曲我们对这项重要技术的理

解。为了更好地理解这一点，想象一下，假如飞机一开始不叫飞机而叫"人工鸟"，将会造成多大的困惑和争议。这个名称会转移人们的注意力，有意无意地让人们将航空设备与飞鸟进行比较，还将引发哲学争论：飞机究竟是真的像鸟儿一样飞翔，还是只是模拟鸟儿飞行？类似的争论在人工智能中则变成：机器是真的像人一样思考，还是只是对思考进行模拟？答案是相同的：这要看你指的是什么意思了。是的，飞机有翅膀，很可能还是受到鸟儿翅膀的启发而设计出来的，但它们不会扇动翅膀，也不会折叠翅膀，其推进系统也和鸟儿截然不同。还有，它们活动的范围、海拔，以及其他一切特征也都迥然不同。如果这种误解持续下去，可能会导致专家召开一些学术会议，担忧假如飞机学会了筑巢、开发了设计和建造后代的能力、学会了搜寻燃料去喂养后代等行为，将会发生什么事情。虽然这些假设听起来很荒谬，但这与人工智能领域正在发生的事情却十分相似。目前，有许多人对超级智能和危险的人工智能表示担忧，这种担忧的严重程度超乎你的想象。但是，至少在可预见的未来，除了胡乱的猜测之外，人工智能领域几乎没有任何理由支持这种担忧。假设他们担心的事情真有可能发生，我们事先也一定会发现大量征兆。

假如麦卡锡当时想出的是另一个名字，一个不会对人类的地位或认知产生威胁的名字，例如"符号处理"或"分析计算"，你现在可能就读不到这本书了。如若是那样，该领域的发展就只会符合它应有的样子，仅仅是自动化的不断进步。

智能文化崛起

达特茅斯会议之后，人们对该领域的兴趣迅速高涨（也有零星的反对声音）。研究者开始着手于各种各样的项目，从证明定理到玩游戏，应有尽有。在早期的突破性工作中，出现了一些非常显著的成就，例如亚瑟·塞缪尔（Arthur Samuel）在 1959 年发明的西洋跳棋程序[6]。这个杰出的程序向世界证明：计算机可以根据程序来学习下棋，甚至比它的创造者玩得还好。它可以通过下棋来精进自己的棋艺，还能做一些人类完全无法做到的事情，也就是通过和自己下棋来练习，最终达到高级业余选手的水平。还有，艾伦·纽厄尔（Allen Newell）和之后获得诺贝尔经济学奖的赫伯特·西蒙（Herbert Simon）在 1956 年发明了一个逻辑理论机（Logic Theory Machine），证明了艾尔弗雷德·诺思·怀特海（Alfred North Whitehead）和伯特兰·罗素（Bertrand Russeu）1910 年的形式主义学派的数学著作《数学原理》（*Principia Mathematica*）中的大部分定理[7]。几年后，他们这个团队又建造了通用问题解决程序（General

Problem Solver），据称可以模拟人类在解决逻辑等问题时的行为[8]。

那时候的许多论证系统都聚焦于所谓的"游戏问题"（toy problems），将应用范围局限在一些简化或自给自足的世界中，例如游戏或逻辑。一部分原因是受到了一个思想的影响，那就是：只有在前提可以被简化，或者能在隔离的环境中研究现象时，科学才有可能进步。（例如，加拉帕格斯群岛［Galápagos Island］的自然环境十分贫瘠和匮乏，但却对达尔文观察到自然选择效应起到了至关重要的作用。）除此之外，这个思想的出现还有其必然性，那时候的计算机与今天比起来实在太弱了。毫不夸张地说，今天一台普通的智能手机都比早期人工智能研究者的计算设备强大了不止 100 万倍。

令人感到不幸的是，这个权宜之计却为人工智能领域招致了不少批评甚至嘲笑。在 1965 年一份名为《炼金术与人工智能》（*Alchemy and Artificial Intelligence*）的报告中，休伯特·德雷福斯严厉地批评了整个人工智能事业，在人工智能研究者中引起了轩然大波[9]。他后来幽默地说："第一个爬上树顶的人可以宣称他为登月事业做出了重大的贡献。"[10]

然而，从 20 世纪 60 年代中期开始，人工智能领域在美国国防部高级研究计划局（Advanced Research Projects Agency of the U.S. Department of Defense，现在叫作"国防高等研究计划署"[Defense Advanced Research Projects Agency，简称 DARPA]）中找到了金主。当时的投资理念认为，与其投资具体项目，不如投资精英中心。遵循这个理念，DARPA 每年向麻省理工学院、斯坦福大学和卡内基·梅隆大学的三个新兴人工智能实验室以及一些著名的商业研究实验室（例如，斯坦福国际研究所 [SRI International]）注入几百万美元的资金。还有一个重要的研究中心位于英国的爱丁堡大学。

尽管交出的答卷差强人意，但不间断的资金投入培育出了一种随心所欲的智能文化。乐观主义四处泛滥。一波接一波的研究生争先恐后地试图证明计算机惊人的新本领，好让自己在人群中脱颖而出，但他们对这个概念的局限和缺陷却常缺乏足够的认知。在 SRI，一个研究团队将当时最先进的计算机视觉、绘图、规划、学习和纠错等技术组合起来，制造了一个叫作"Shakey"的机器人。Shakey 是最早的移动机器人之一。它是一个轮式机器人，能够在 SRI 的实验室和走廊里相对可控的环境中行动。虽然 Shakey 机器人只能在这种比较简单的人工环境中运行，但它让全世界第一次见识到了将人工智能程序植入简单的可移动装置的可能性。人们开始疑惑，当 Shakey 机器人被椅子挡住去路并停下来规划下一步行动时，它仅仅是在处理数字，还是陷入了沉思？《生活》（*Life*）

杂志在 1970 年曾将 Shakey 机器人称为"第一个电子人",这么说到底对不对 [11] ?

还有另一个进展,虽然确实证明了人工智能的重大进步,但也展现了该领域对炒作的倾向,这就是特里·威诺格拉德(Terry Winograd)在麻省理工学院时所写的博士论文。他的论证程序名为"SHRDLU",名字来自铸排机上的第二列字母。这个程序能够用自然语言(简单的英语)回答问题,并能在虚拟世界中搬运物体 [12]。这个杰作集合了当时最先进的句法学、语义学、问答系统、对话系统、逻辑学、知识表征(knowledge representation)和计算机图形学,创造出一个明显具备惊人智力的机器智能。这暗示着,我们或许很快就能和计算机对话并将它们视为聪明的伙伴了。下面就是与 SHRDLU 的一段对话,你可以从中感受到它的语言有多生动 [13]。

◎ 人:捡起那个红色的大块物体。

◎ 计算机:好的。

◎ 人:抓住那个角锥体。

◎ 计算机:我不明白你指的是哪一个角锥体。

◎ 人(改变了主意):找一个比你手中那个高一些的物体,并把它放进盒子。

◎ 计算机:我假设你所说的"它"指的是那个比我手中这个高一些的物体。

◎ 计算机：好的。

◎ 人：盒子里有什么？

◎ 计算机：蓝色的角锥体和蓝色的方块。

◎ 人：角锥体放在什么东西上？

◎ 计算机：盒子。

◎ 人：盒子里有几个物体？

◎ 计算机：4 个。

◎ 人：是不是其中至少有一个比我叫你捡起来的那个更窄
一些？

◎ 计算机：是的，是那个红色的方块。

尽管这段对话令人印象深刻，但却没能传递出一个事实，那就是当时这样的问答系统无论从讨论的内容，还是对输入数据的限制上都不甚完美。因此，人工智能研究者和普罗大众居然都相信人类水平的人工智能即将到来，也就情有可原了。（实际上，我投身于人工智能行业，更具体地说，我选择自然语言检索系统作为我的博士论文研究方向，主要就是受到了威诺格拉德论文的启发。）但一个残酷的事实是，尽管问答系统已经取得了长足的进步，但它们即使到现在也没能实现当初的承诺。威诺格拉德后来在斯坦福大学铸就了辉煌的职业生涯，但他专注的领域已从人工智能变成了人机交互（Human-Computer Interfaces，简称 HCI）[14]。

物理符号系统假说

SHRDLU 所依赖的是一门叫作"Planner"的语言。该语言的设计者是卡尔·休伊特（Carl Hewitt），他也是麻省理工学院的研究生[15]。Planner 是"逻辑理论机"的后续版本，同样也延续了数学逻辑的传统，但更加智能，被广泛视为人工智能的一个基础。这个在达特茅斯会议上被强调的方法在 20 世纪七八十年代一直是人工智能研究者的主要武器，但之后被逐渐打入了冷宫。或许，它最清楚的形式莫过于纽厄尔和西蒙的版本了。1975 年，两人同时获得了图灵奖（Turing Award），这是计算机科学领域莫大的荣誉。在颁奖时，他们对所谓的"物理符号系统假说"（physical symbol system hypothesis）进行了定义。请看他们的获奖感言选段："符号，就是智能行为的根源。而智能行为，当然了，正是人工智能的主要课题……物理符号系统就是一个机器，它可以随时间产生不断进化的符号结构集合。"接下来，他们对这个假说进行了详细描述：

> 物理符号系统是通用智能行为的充分必要途径。说"必要"，是指任何一个展现出通用智能的系统，只要一经分析就能证明它是一个物理符号系统。说"充分"，是指任何一个足够大的物理符号系统都可以通过进一步组织，从而展现出通用智能。说"通用智能行为"，是

指······我们在人类行为中所看到的同等智能：······在任何真实情况中，符合系统目标和适应环境需求的行为是可以发生的，尽管其速度和复杂性受到一定的限制[16]。

从当时来看，对于人工智能应该主要用什么方法，他们描述得洞察入微、鼓舞人心；但从现在来看，却隐藏着一个重大的缺陷。**尽管它看起来像是基于经验的假说，但实际上它不能接受任何经验的证实或证伪。**其他任何一个人工智能方法论的鼓舞效果都不比它差，这让"符号就是智能行为的根源"这一论断陷入了人们的怀疑。但他们也可以反驳说，或许存在一个等价（或者更好）的物理符号系统能够解决这个问题，只不过这个系统尚未被发现。换句话说，他们对人工智能领域的描述有点像教人如何把高尔夫球打得尽可能的直和远（保持抬头，盯着球，用前臂发力，用后臂来控制方向）。把这种姿势视为打高尔夫球的最佳或唯一方法是言过其实的，你完全可以采用另一种方法，依然有机会成为世界上最好的高尔夫球手。事实也确实如此。至少出现了一个与他们的假说无明显相关性的人工智能方法（也就是机器学习）。但在机器学习之前、符号系统方法之后的 20 世纪 80 年代早期，还迅速崛起了另一波针对实际应用系统的新浪潮，那就是专家系统。

无法应对数据爆炸的专家系统

在大多数领域，知识都来自训练。专业技能是区分专家和业余爱好者的标志。在这个看似明显的观察中，孕育了人工智能历史上一个重大转变。20 世纪 50 年代末，当人工智能刚刚出现时，能够存储于电子格式中的信息少得惊人，更别提知识了，所以研究者很自然地聚焦于用推理和逻辑的方法来实现目标。但在 20 世纪 80 年代左右，一种新的系统诞生了。这种系统被称为"专家系统"（expert system）或"知识系统"（knowledge system），其理念是用可计算的形式来获取和复制稀缺的人类专业知识，并希望这种专业技能可以被更广泛和更便宜地获取。现在，至少对它最初的形式而言，这个领域的研究已经不再活跃，我接下来会解释一下原因。

通常，专家系统是高度专门化的。以当时的术语来说，就是"领域特定"（domain specific）。你可能会感到疑惑，为什么不是所有能完成复杂任务的程序都被看作专家系统？最主要的区别是专业知识究竟是如何表征的。当时（到今天依然如此），计算机编程最常见的方式是程序法（procedural method），也就是将问题分解成一系列步骤。然而，专家系统却采用了另一种不同的方法，这也是符号系统概念的一个自然应用。专家系统的计算机程序将需要专业知识的任务解构成两个部分：知识库（knowledge base）和推理引擎（inference engine）。知识库是一个集合，其中包含了事实、规则和特定领域中的关系，以符号的形式来表征。推理引擎则描述了如何对这些符号进行操纵和组合。清晰明确地表征事实和规则有一个好处：当加入新的事实或知识时，系统能更轻易地进行调整。特别是编写专家系统的人，我们称为"知识工程师"，他们能够通过采访从业者来创建这些系统，并将他们的专业知识累积和汇聚到计算机程序中。接着，他们就能相应地检验、评估和改进这些计算机程序。在过去，通常情况下，如果一个程序员想要编写某个领域的程序，那他自身也必须成为该领域的专家，还必须时刻准备着对程序进行修改，这在实践中是一个明显的障碍。相比之下，专家系统背后的概念则是清晰地表征某领域的知识，让它可以随时接受检查和修改。这个方法还让程序具备更强的容错力，也就是说，它们更容易包容编程的错误。同样重要的是，这种结构还为程序提供了一个方便的框架来"解释"它的推理过程。

让我来讲点有些离题的历史趣事。用"if-then"的规则来获取专业知识的思想至少可以追溯到公元前 17 世纪。从那时起，埃及人就开始用这种规则在古本手卷上记录外科手术的知识。像电影《夺宝奇兵》（*Indian Jones*）的故事一样，这些资料在埋藏多年之后终于重见天日，并于 1862 年被一位名为埃德温·史密斯（Edwin Smith）的收藏家兼文物贩子在埃及卢克索（Luxor）的一家古玩店买下。但这份文件一直被束之高阁、无人问津。直到多年之后，芝加哥大学东方研究所的考古学家 J. H. 布雷斯特德（J. H. Breasted）注意到了它，并在 1930 年将其从原始的象形文字翻译成了英语[17]。

20 世纪 80 年代初期成立了许多公司，大部分都是由人工智能领域的学者和研究者为售卖专家系统的产品和服务而创立的。当时，政府机构和私营企业内部都有许多专家，但他们想要更好地利用这些专家的能力。于是，这些初创公司就为他们提供名为"推理引擎"的软件包和相关的知识工程咨询服务[18]。这个令人兴奋的机遇吸引了风险投资者和媒体的注意，上演了一个繁荣与衰落的故事，像极了后来的互联网泡沫。

一本当时流行的教科书将这些系统分成了十个类别：解读（interpretation）、预测（prediction）、诊断（diagnosis）、设计（design）、规划（planning）、监测（monitoring）、调试（debugging）、修复（repair）、指示（instruction）和控制（control）[19]，这些类别其实还不全，因为在实践中，该领域的从业者却发现，他们使用的工具和结构常缺乏足够的表达力来获取优良性能所需的知识和行为广度。于是，他们只能手工编写一些专门的部分，来弥补通用工具的不足，这进一步降低了这些系统的实用价值。

今天，专家系统依然存在，并有着广泛的用途。FICO 公司出品的名为"Blaze Advisor"的商业规则管理系统就是一个绝好的例子。这家公司的产品还包括基于规则的信用评分及分析专家系统，也有着广泛的应用 [20]。

由于许多原因，现在的专家系统不再被看作一个活跃的人工智能研究领域，更不被视为投资机遇。最重要的原因是，计算机能力、存储空间和网络的极大进步引发了易于获取的电子文件的数据爆炸，带来了另一种旨在将专业知识整合入计算机程序的方法，这种新方法与过去的方法截然不同，完全不需要程序员煞费苦心地将人类专家的知识和技能手动编入计算机。

活跃的规划系统

物理符号系统假说并没有消亡。它活得好好的，主要活跃于一个被称为"规划"的人工智能分支学科中。这个分支学科关心的是如何解决需要规划一系列步骤才能完成某些目标的问题。例如，制订驾驶路线、玩游戏、将奇形怪状的盒子装入卡车、证明数学定理、分析法律合同和规范、制订菜谱、布设计算机芯片上的传感器、装配设备、用可计算的形式来描述规范和规则、航空管制等。

　　这些挑战的共同点是：它们通常都存在一个已知的初始状态、一个或多个预想的最终状态、一系列从初始状态到达最终状态所需的特定操作或者说"步骤"，以及一些用来评价解决方案的指标，例如"最小化所需的步骤数"等。换句话说，规划系统的目标是找出"要做什么"。你可能会感到疑惑，到底怎么才能解决规划问题？在实践中，这些挑战大多具备独特的数学特性和明确的定义，所需的方法也不尽相同。在稻草堆中寻找一根针的方法和证明两个三角形全等的方法显然是不一样的。

　　除了一些统计学方法之外，大多数运用符号推理的规划系统都可以用"启发式推理"（heuristic reasoning）来增强。启发式推理可以解决符号系统假说中一个常见的问题，那就是步骤序列的可能性可能会非常多，我们称为"组合爆炸"（combinatorial explosion），所以，正如第 1 章里我们讲到的象棋棋局一样，你根本不可能一一检验所有的选项。启发式推理则是试着用各种方法将所谓的"搜索空间"（search space）减小到可处理的维度。其中一些方法保证能得到一个合适的解（假如这个解存在的话），还有一些方法可能连一个解都找不到或者找不到最优解（分别称为"容许"[admissible] 启发式和"非容许"[inadmissible] 启发式）。比方说，如果你想要爬上一座山的山顶，一个好的启发式推理就是保证你踏出的每

一步都是在向上，但这个方法只适用于始终光滑向上、没有坑洞的山坡。这个递增的方法有一个更技术化的名字，叫作"贪婪启发式"（greedy heuristic），即永远只选择能给你带来最及时的收益的那个步骤。这种方法只有在满足某些一致性条件时才有效。具体地说，就是在通往目标的道路上，一致性不变。

规划系统采用的策略多种多样。一些策略从目的出发，往回推理，希望借此找到能实现该目标的初始状态。例如，如果你想要 18 点回家吃晚饭，但之前有一些事情要办，那你可能会从 18 点开始往回计算，减去每个步骤可能需要花费的时间，从而算出你应该下班的时间。还有一些策略则从前往后推理，从假说推至结论，或者试着简化任务，从小处着眼，先解决较小的子问题，然后将它们串联起来，组成一个完整的解决方案。

人工智能研究中，有一个活跃的领域正在使用规划技术，叫作"全局游戏策略"（general game playing）。这个领域名副其实。它是指，一个程序获得了某项棋类游戏的一组规则，但它过去没有关于该游戏的任何知识，只是被告知如何才能玩好该游戏。接下来，它需要自己去推理哪些方法更有效，从而发现自己的游戏策略。不出所料，全局游戏策略领域的研究者会定期举行比赛，来看看到底谁的程序表现得最好。从

2005 年开始，全局游戏策略的爱好者会在美国人工智能协会的年度会议上举行比赛，其获胜者的能力逐年增强，经常能够打败人类高手[21]。使用启发式推理的规划系统在现代还有一些广泛的应用，例如为你指引方向的导航系统，以及电子游戏中的"非玩家角色"（nonplayer character, NPC），也就是那些看起来阴险狡诈、诡计多端、时不时给你来上一枪，或者总喜欢激怒你的角色。

今天，规划系统和更广义一些的符号系统假说被人们略带嘲讽地（有时也是饱含深情地，取决于你喜欢什么类型的人工智能）称为"好的老式的人工智能"（Good Old-Fashioned AI，简称 GOFAI）。无论如何，接下来的这个进展说明了物理符号系统假说并不是我们的唯一选择。

机器学习，模拟人脑智能的绝佳方法

从一开始，人工智能研究者就意识到，学习能力是人类智能的一个重要方面。问题是，人类究竟是如何学习的？我们能不能为计算机编程，好让它们以同样的方式学习？

学习与物理符号系统假说并不是不一致，只不过，我们不知道如何才能将二者结合起来。通常来说，如果一个人工智能使用的方法遵循符号系统，那么，只要它的步骤中包含学

习，那学习就是最先完成的步骤，这样才能产生符号和规则，好将它们组合起来以便后续应用。然而，正如知识在早期人工智能系统中没有得到足够的重视一样，学习的重要性和价值，既包括在先的学习，也包括在解决实践问题的过程中的持续学习，也都没有得到应有的关注。

虽说推理对学习有帮助，但学习的主要来源却不是推理，而是经验、实践或训练。当我们"学到某件事"时，知识并不仅是像数据库中的数据一样被获取和存储进来了，还必须以某种方式表现出来，以便运用于实践中。通常，具备学习能力的计算机程序会从数据中提取模式。这些数据可以是任何一种形式，例如在行进的汽车上拍摄的视频、急诊室报告、北极地表温度、Facebook 的点赞、蚂蚁行走的路径、语音录音、在线广告的点击数、中世纪的出生记录、声呐信号、信用卡转账记录、系外行星凌星时使恒星变暗的程度、股票交易、电话记录、票务采购、法律程序的誊录、推文。总的来说，数据就是能被捕捉、量化和用电子形式表达的一切事物。

每个上过统计学课程的人都知道，人类收集和分析数据的历史十分悠久。那么，现在的数据分析有什么新鲜和不同的地方呢？一是数据的规模变得十分庞大，二是新的计算技术似乎能在某些方面对人脑进行模拟。这二者意味着我们或许很快就能发现关于意识的某些隐藏奥秘了。这个以数据为中心的新方法有许多名字，最常见的一个名字是"机器学习"
（machine learning）。你或许从媒体上听到过"大数据"（big
data）和"神经网络"（neural network）的概念，它们都是机
器学习的方法，但不是唯一的方法。

人工神经网络

若想体会现代机器学习技术中有何创新之处，那么最好
先详细理解下神经网络的一些细节。人工神经网络是一种计
算机程序，它的灵感来自人们对真正的神经网络（比如你大
脑中的神经网络）的组织原理的某种推测。人工神经网络与
你脑中真正的神经网络之间唯一的关系就是，前者是受后者
的启发而开发出来的。一些计算神经科学领域的研究者为了
理解大脑的工作原理，正在研究大脑的实际结构，并试图在
计算机中进行模拟。而那些更为主流的人工智能研究者则根
本不关心他们的程序是否和大脑相似，只要它们能解决实际
问题就行。

有趣的是，我们现在对大脑的细节结构其实了解得非常
多，它是由几乎同质的细胞组成。这种细胞被称为神经元
（neurons）。神经元之间由突触（synapses）相连接，以传递和
接收电信号和化学信号。当这些信号超过一定的水平或形成
某些特定的模式时，神经元就被"激活"了。也就是说，它

转而将收到的信号传递给相连的其他神经元。除了细节结构之外，我们还知道很多关于大脑宏观结构的知识：大脑的不同层级和不同区域通常对应着不同的行为，例如视觉、饥饿、算数、调节心律、识别人脸和扭动大脚趾。但是，对细节结构与宏观结构之间的中层结构，我们却知之甚少。为了完成这些任务，神经元究竟是如何互相连接的？也就是说，我们对大脑是如何"连线"的了解很少。很显然，这正是构建人工神经网络的人工智能研究者感兴趣的事情。他们在程序中用单个元素来模拟神经元的行为，然后想方设法将它们连接起来，并研究其结果，包括它们能做些什么、速度有多快，诸如此类。

人工神经网络中的神经元通常会组成一系列的层级结构。每层神经元都只和紧邻该层的上层和下层神经元相连，其连接通常用数值化的权重来建模。例如，"0"代表"没有连接"，"1"代表"强连接"。最底层从网络外部接收输入数据，例如，一个最底层神经元可能会处理相机传来的单个像素点的信息。较高层级的神经元所处的层级被称为"隐藏层"（hidden layers），只从相邻的下层神经元接收输入数据。接着，人们会向整个神经网络结构展示各种例子，例如猫的照片。然后，权重值在层级结构中由下向上传播（有时也会由上向下传播），直到它被"调整"到满足要求为止，例如能识别出猫——这个行为被某一个特定的神经元激发（或若干个神经元激发所组成的模式）来表示，这些神经元通常位于最高层。

你可能会认为，你可以通过在图片中标注有没有猫来训练人工神经网络识别猫的照片。你当然可以这么做。实际上，这种方法被称为"监督学习"（supervised learning）。然而，人工神经网络最惊人的能力就是，你完全可以跳过标注这个步骤。你可以只向神经网络展示包含猫的照片，而不需要告诉它任何线索。这种方法叫作"无监督学习"（unsupervised learning）。神经网络对这个世界一无所知，更不知道猫为何物，那它怎么可能学到什么是猫呢？猫的图片包含着各种模式，也就是那些被你认为是猫脸、猫胡须、猫爪等东西的模式，尽管它们的姿态、颜色和角度各不相同。但人工神经网络检测的是图片与图片之间极其微妙和复杂的关系，而无论它们是否被旋转、拉伸、局部模糊等等。在用数以百万计的图片训练之后，它拥有了一种能力，一种能在过去没见过的新图片中检测相似模式的能力。换句话说，它自己学会了识别猫的图片[22]。这和我们人类学习"猫是什么"的方式有何关联呢？这个问题有待进一步讨论。但无须争议的是，这种方法确实奏效，而且效果相当不错。最新的这种系统甚至已经在许多识别任务上超过了人类[23]。

为了让你直观地体会究竟发生了什么事，请想象一下：假设你在房间里放了一把 6 弦吉他。接着，你开始播放一些升F 调的吵闹音乐。不出所料，吉他弦随着音乐开始震动。然后，你缓慢地、一根接一根地调紧或调松琴弦，同时测量琴弦震动的程度，直到它达到震动最强的位置，再接着调下一根。这是一个费时费力的活儿，因为每根琴弦不仅会对房间里的声音做出反应，还会受到其他弦震动的影响。因此，你必须多次重复这个步骤，才能达到想要的效果，因为每个弦轴只影响一根琴弦。接下来，你开始在房间里播放各种调式的音乐，同时测量每根弦的震动程度。你很有可能会发现，当你播放升 F 调的歌曲时，琴弦的震动达到最大；而当你播放其他调的歌曲时，震动会减弱。恭喜你！你建造了一台采用自动化程序的升 F 调识别器！它不需要知道任何乐理知识，也不需要知道升 F 调、降 D 调和其他调是什么意思。

现在，你突然觉得，尽管这个方法奏效了，但是调弦太费时间。因此，你决定下一次采取一些不同的方法，以求缩短时间。例如，每次旋转弦轴的角度大一些（或小一些），或者从不同的位置开始调（也就是从非标准调弦的位置开始调），或者打乱调弦的顺序。你可能会发现，某些初始位置无论你怎么调都无法实现你想要的结果，你永远无法让整个系统以升 F 调的震动为最大。又或者，你陷入了循环，反复地调紧和调松相同的一根或几根弦。这与许多人工神经网络的研究有几分相似，人们将大量精力花费在了搞清如何设定初始条件、如何传递权重值和如何让它们在合理的时间内收敛至最优值或可接受值上面。该领域目前的状况让人回想起 19 世纪和 20 世纪之交的电力电子技术。当时，该技术的主流方法是先通过实验来构建系统，然后对其进行测试。一直到更形式化的分析方法论出现以后，境况才有所好转。希望类似的理论框架也能出现在机器学习中。

总结而言，你可以把人工神经网络看作一个采用复杂多变的模式与输入数据共振的结构。它们是经验的镜像。从这个意义上说，它们并不符合一般意义上的"学习如何做事情"，也就是有条理地理解周遭世界的内在关系和性质。相比之下，它们是技艺娴熟的模仿者。它们寻找关联并响应新的输入数据，就好像在说："这让我想起了……"通过这种做法，它们能模仿从大量案例中收集而来的成功策略。关于此，一个待解决的哲学问题是：这个方法是否等价于对因果关系的理解？它们和人类所做的事情相同吗？人类学习的方式以及人类与世界交互的方式中，是否还藏有其他东西？还有，假如最终结果（也就是表现出来的行为）是一样的，那么个中差别真的很重要吗？

机器学习的崛起与繁荣

你可能会感到疑惑，机器学习与过去的方法迥然不同，并且在 20 世纪 80 年代末和 90 年代初之前都没能得到该领域领跑者的正眼相看，那么它究竟是何时出现的？实际上，它的历史至少可以追溯到 1943 年。那时候，芝加哥大学的沃伦·麦卡洛克（Warren McCulloch）和沃尔特·皮茨（Walter Pitts）观察到，大脑神经元组成的网络可以用逻辑表达式来建模。简而言之，他们意识到，虽然大脑是一团柔软潮湿的凝胶状物质，但大脑中的信号却是数字式的，并表现出了二进制的特征。这再一次证明了我在第 1 章中说过的，数学形式化在推动科学进步中所起的重要作用。当麦卡洛克和皮茨发现这个重要事实之时，可编程计算机还鲜为人知，或者说，还有待政府机密军事项目的开发。因此，他们没有想到用这个发现来作为计算机程序的基础。但他们还是意识到了其潜在的计算内涵："神经网络的描述提供了必要的连接规则，凭借这种规则，你可以从任何状态的描述中计算出下一个状态。"[24] 实际上，更让他们感到兴奋的是，假如能对大脑进行数学建模，那就有可能找到治疗精神疾病的方法。他们有这个想法很自然，因为团队里较年长的成员麦卡洛克是一位医学博士兼心理学家。

接下来，一些研究者继续进行这项早期工作，其中最值得一提的是美国海军拨款支持的康奈尔大学的研究者弗兰克·罗森布拉特（Frank Rosenblatt）。他为自己的人工神经网络的数学模型起了一个新名字叫"感知机"（perceptron），获得了很高的媒体关注度。1958 年，《纽约时报》上刊登了一篇文章，名为《海军新机器能一边做一边学：心理学家展示了可以阅读和变聪明的计算机原型》（*New Navy Device Learns by Doing: Psychologist Shows Embryo of Computer Designed to Read and Grow Wiser*），堪称三人成虎和不实报道的惊人典范。文章中称："今天，海军公布了一款电子计算机的初步原型。据预计，它将能够行走、说话、看见东西、写作和自我繁殖，还能意识到自身的存在……预计它将在一年内完工，成本为 10 万美元……今后，感知机将能够认得人并叫出他们的名字，还能将一种语言的语音或文本实时翻译成另一种语言。"在该文章中，罗森布拉特预言："感知机可以作为太空探测器发射到其他行星上……这个机器将成为第一个像人类大脑一样思考的人造装置……原则上说，人造大脑将成为可能。它们能在装配线上自我复制，并意识到自我的存在。"这听起来难免让人觉得有点过于乐观，因为他演示的设备其实只包含 400 个光电管（只能生成像素为 400 的图片），连接着 1 000 个感知机。并且，在经过多达 50 次实验后，它才终于能区分出"左部画有方块的卡片和右部画有方块的卡片的区别"[25]。尽管他当时很狂妄，但是如今，他的许多更加疯狂的预言都已变成了现实，只不过已经过去了 50 多年的时间。

达特茅斯会议中，有一个人十分熟悉罗森布拉特的研究，这个人就是马文·明斯基。罗森布拉特和马文·明斯基是布朗士科学高中（Bronx High School of Science）的校友，只不过中间隔了一年[26]。后来，他俩在许多论坛中展开辩论，推销各自喜欢的人工智能方法。1969年，明斯基和他麻省理工学院的同事西摩·派珀特（Seymour Papert）一起出版了一本书，书名就叫《感知机》（Perceptrons）。在书中，明斯基费了很大力气来质疑罗森布拉特的工作。但是，他的质疑其实很不公平，因为他将罗森布拉特的研究进行了简化[27]。罗森布拉特没能抓住反击的机会，就丧生于1971年的一场划船事故，享年41岁[28]。后来，明斯基和派珀特的书产生了巨大的影响，在之后长达十几年的时间里极大阻碍了与感知机和人工神经网络有关的投资和研究。

20世纪80年代中期，人们对该领域逐渐恢复了兴趣，一部分原因是为了解决明斯基和派珀特质疑的那个过于简化的版本，最多只有两层的神经网络。"深度学习"（deep learning）是目前机器学习最主要的领域，它采用的神经网络拥有许多内部层级（被称为隐藏层）。但此次兴趣重燃的主要驱动力是越来越唾手可得的、以计算机可读形式存储的案例数据，加上计算机在存储空间和处理能力上都正在以极快的速度发展。

特别是出现了一种叫作"连接机"（connection machine）的新型并行处理超级计算机，可以同时模拟多个人工神经元的行为[29]。

尽管这些新兴的机器带来了希望，但它们最终被标准的非并行商业处理器盖过了风头，因为后者的批量生产比较便宜。这个经济因素加速了非并行处理器的发展速度，直至超过了那些专门设计的并行机器。同样的命运降临至当时另一个相关的计算机工程进展身上，那就是专门设计来运行麦卡锡设计的人工智能语言 LISP 的机器。目前，人们正在尝试设计专门用于人工神经网络的全新处理器，其中以 IBM 公司的最引人注意[30]。IBM 最新的成就是一个拥有 54 亿个晶体管的芯片，其中包含了 4 096 个神经突触内核，整合了 100 万个神经元和 2.56 亿个突触。每个芯片可支持的人工神经元数量都比罗森布拉特的多了 1 000 倍，并且可以在两个维度上平铺和堆叠，更不用说它们的运行速度可能加快了 100 万倍。但罗森布拉特的狂热似乎依旧在令人不安地回荡，请听 IBM 项目经理德尔蒙德拉·莫哈（Dharmendra Modha）的说法："这是类脑计算机的新里程碑……它是大脑的结构和功能在硅片上的近似模拟。"[31] 这是计算机架构的未来，还是对专门化计算机的又一个错误尝试？只有时间才知道答案。

机器学习目前正在经历一个商业投资的繁荣时期。它被广泛应用于各种问题上，都取得了显著的成功。近期最引人注目的项目不是对大脑进行模拟，而是对大脑进行的反向工程。加州大学伯克利分校亨利·小惠勒（Henry H. Wheeler, Jr.）脑成像中心的杰克·格朗特（Jack Gallant）带领一组科学家用机器学习技术成功地读取了思想[32]。这是千真万确的事实。他们让被试头戴一组大脑传感器，观看各种物体的图片（例如剪刀、瓶子或鞋），同时让他们训练的机器学习系统在传感器传来的信号中寻找模式。接着，他们再让被试观看新的物体。一旦训练完成，他们的程序就可以准确地识别出被试正在观看什么物体，精确度非常高。

该研究的前途十分光明，原因有二。第一，现在测量大脑活动的技术还十分粗糙，主要是测量大脑中一个 3 毫米见方的立方体体积（称为"三维像素"[voxel]）内发生的血流，这简直就是罗森布拉特的 20 × 20 低精度光电管网格的现代版本。随着大脑活动测量设备变得越来越敏感和细致，它们将有潜力探测单个神经元的激发，因此，解读现象的能力也会随之得到巨大提升。第二，这个研究的结果并不只适用于某一个特定的人，系统可以先在第一组被试身上进行训练，然后去解读新的被试正在观看什么物体，结果十分精确。这意味着，至少就他们目前到达的细节尺度而言，不同人的大脑之间并没有人们认为的那么异质。

已经有人开始尝试将这些概念进行商业化。例如，No Lie MRI 公司希望用 MRI 来判断人是否在说谎（不过还不清楚这家公司到底使用了多少机器学习技术）[33]。

除非出现基本原则上的限制，这项研究有希望将大脑与电子世界结合起来。也就是说，只用意识就可以与计算机、机器和机器人进行交互，并控制它们，就像控制自己的身体一样。但这也会带来一些可怕的问题，例如，你脑中的想法将不再是完全隐私的。

符号推理和机器学习的博弈

虽然大多数研究者都只聚焦在二者之一，但从原则上说，二者并不是不能很好地整合起来。实际上，已经有人在这方面投入了相当大的努力，还召开了一些学术会议[34]。

很明显，二者各有其长处和短处。总的来说，符号推理更适合那些需要抽象推理的问题，而机器学习更适用于那些需要用传感器感知周遭世界或者在杂乱无章的数据中提取模式的情况。例如，假设你想要建造一个能骑自行车的机器人，它能够控制脚踏板和车把，还能保持平衡，那么，用符号来表示这个问题或许是可能的。但是，请想象一下通过采访人

类专家来构建自行车骑行的专家系统有多难。自行车骑行专家当然是存在的，但是，他们的专业技能却很难用语言表述出来。很显然，一些知识和专业技能或许极难用人类语言或任何明确的符号形式来编写。

相比之下，如果换成机器学习，这个问题就变成了小菜一碟。只需要举一个例子，乔治亚理工学院的一些研究生最近有一个研究项目就是用神经网络技术让计算机系统学习骑自行车。这个系统成功地学会了许多绝技，例如前轮离地、兔跳、绕前轮旋转和向后跳（这个系统是在模拟器中学习，而不是在实体的自行车上）[35]。

然而，机器学习也有一些不太适用的情况。总的来说，机器学习在缺少数据、只有初始条件和限制条件，以及机会只有一次的情况下没什么用。举个例子，计算机芯片设计中的错误可能会造成极大的损失。1994 年，由于某些数学函数的错误，英特尔被迫召回了奔腾 5 处理器。从那之后，人们对如何用形式化的方法来验证电路性能的兴趣突然高涨。这个问题其实可以分为两个部分：第一，如何用抽象的方法来描述你想要验证的电路的功能；第二，如何在实际可行的时间范围内，以可接受的成本来执行检验，同时还要保证结果是正确的。经过 10 年攻坚，2005 年，电气与电子工程师协会（Institute of Electrical and Electronics Engineers，简称 IEEE）

通过了一种用来描述想要的行为的语言，并为其设立了标准。之后，各种商业程序和专有程序都用这种语言完成了实际检验[36]。但人工智能领域有一个不常见的缺点，当人们认为某一个问题已经被解决了，那它通常不再被视为人工智能。因此，今天的"形式验证"（formal verification）和"模型检测"（model checking）至少在应用于计算机硬件时变成了独立于人工智能的学科，但它们其实都根植于纽厄尔和西蒙的定理证明器。

即便如此，许多你可能认为需要逻辑和推理的问题却惊人地适合机器学习。比如说，麻省理工学院和华盛顿大学近期的一项研究显示，机器学习能够演算一般的高中代数文字题，正确率达 70%。他们采用的方法不是推理，而是在课后作业网站 algebra.com 上收集文字题，将题目与对应的方程（也就是解）配成组合，然后将这些组合作为训练数据集。在数据集上完成训练之后，该程序能够解决类似如下的问题："一个游乐园售卖两种票。儿童票卖 1.5 美元，成人票卖 4 美元。某一天，有 278 个人进入了游乐园，卖票所得总共为 792 美元。请问当天分别有几位儿童和几位成人进入公园？"[37]近期，国际象棋博弈程序（chess-playing programs）取得的进步同样惊人。大多数国际象棋博弈程序的程序员都是将关于下棋的专业知识和策略整合到程序中，但近期的一组研究者却另辟蹊径，使用了一种叫作"遗传编程"（genetic programming）①的技术，让程序只接触人类大师级棋局的数据库，让它自我进化到专家水平 [38]。

如果你要列出一个需要洞察力、创造力、智力和逻辑能力才能完成的人类活动列表，那么，《纽约时报》上的填字游戏肯定位列其中。然而有一个程序却可以在几秒钟内以专家水平完成填字游戏，它叫作 Dr.Fill。Dr.Fill 对那些词语并没有什么深刻的理解力，它只是在超过 4.7 万个填字游戏的数据库中采用了"约束满足"（constraint satisfaction）的技术和统计学机器学习技术 [38]。例如，给定一个线索"护套材料的缩写"（用三个字母形容），它会输入"bio"作为正确答案。Dr. Fill 是一个能将符号推理和机器学习技术结合起来，处理复杂的真实世界问题的罕见例子。

简而言之，如果一个问题需要你凝视着它静静地思考，那符号推理方法或许更适合。如果它需要你观看大量的例子或四处逛逛来"感受"它，那机器学习可能是最有效的方法。那么，为什么人们的焦点会从前者转向后者呢？

在人工智能研究的早期，计算机没有足够的计算能力来

---

① 遗传编程是一种机器学习的形式，它能迭代许多代，每一代会产生许多备选的解，然后评估各自的表现，选出最优的那一个加以执行，并在下一代加入一些变异。

学习。它们的计算速度只相当于今天计算机的九牛一毛，其用来存储数据的内存空间也同样小得可怜。更惨的是，当时根本没有机器可读的数据供它们学习。那时，大多数交流都是用纸，有时甚至只能发生在某些特定的场所，比如，每个试图获取自己母亲出生证明的人都可以作证。在实时学习中，传感器传来的数据也十分原始，或只能以模拟形式存在，很难用数字的方式来处理。因此，将符号推理逐渐推向机器学习的驱动力来自以下 4 个趋势：计算机处理速度和内存的进步、物理存储数据向电子存储数据的转变、更容易的数据获取能力（主要是因为有了互联网），以及低成本和高精度的数字传感器。

人工智能正在席卷人类社会

这个问题可以从几个不同的角度来回答。诚然，在人工智能的许多重大研究进展中，有一些技术进步和科学突破非常重要，但它们不在我们现在讨论的范畴之内[40]。还有一些成功的应用对社会造成了很大的影响，但却是机密的、专属的，或隐藏在人们视线之外的。比如说，那些扫描我们通信内容的程序（不管初衷是好是坏），还有那些交易证券、侦测网络攻击、评估信用卡交易以预防诈骗的程序。毫无疑问，除此之外还有很多。还有一些引人注目的成就让大众媒体趋之若

鹜。本书中引用的一些成就你或许已经非常了解了，我希望
这些例子能够加深你对人工智能的认知，而不是重复你已经
知道的东西。

我要介绍的第一个客观易懂的里程碑就是深蓝（Deep
Blue）。深蓝是一个国际象棋程序，它在 1997 年的 6 局比赛中
击败了国际象棋冠军加里·卡斯帕罗夫（Garry Kasparov）[41]。
这个程序是由 IBM 的一些研究者开发的。这些研究者过去属
于卡内基·梅隆大学，后来被 IBM 聘用，并在这里继续他们
的研究。"深蓝"这个名字来自 IBM 公司的标识颜色和昵称，
Big Blue。这场比赛异常激烈，深蓝直到最后一局才赢得比赛。
更加戏剧化的是，卡斯帕罗夫，这位被认为是人类有史以来
最伟大的国际象棋神童（当时他已经 34 岁，显然有点自命不
凡），立刻指责 IBM 作弊，因为他不相信机器能想出如此绝妙
的招数。

那时候，过于乐观的预言家在过去几十年里已经讲了太多
未能实现的错误预测。因此，这场胜利立刻获得了广泛的关注，
点燃了持久的论战，即这件事对人在机器面前至高无上的地
位意味着什么？长久以来，国际象棋都被认为是人类智力的
一座堡垒，极难被机器自动化攻下。但是，技术总是一步步
侵略着人类独占的领域。认识到这个事实后，深蓝的成就很
快被看作一件普通的事情，而不是机器人想要占领世界而对

人类吹响的战争号角。人们开始淡化这场胜利的重要性，因为在这场对弈中，IBM 提供了一台专门为国际象棋而设计的超级计算机；人们认为，这台超级计算机所扮演的角色远比 IBM 团队开发的复杂程序更重要。这对 IBM 来说，正好求之不得，因为他们当时正在销售这种最新最好的硬件。他们还对深蓝的软件程序进行了详细的解释，进一步减轻了人们的恐惧：如果你能看到皇帝的裸体，或许说明他并没有什么过人之处。今天，专业水平的国际象棋程序已经十分常见，也很强大。它们已经不再与人类棋手比赛，而主要与自己的同类比赛。每年都会举行许多只有计算机参加的象棋比赛，比如，国际计算机对局协会（International Computer Games Association）每年都会举行这种比赛[42]。到 2009 年，大师级别的国际象棋程序已经可以在各种各样的智能手机上运行[43]。

计算机下国际象棋现已被视为一个"已经解决的问题"，于是，人们的注意力转移到了一个完全不同的挑战上：在无人干预的情况下驾驶汽车。无人驾驶汽车最大的技术障碍不是对汽车的操控，大多数现代汽车都配有电子设备，方便驾驶员操控汽车，而是细腻地感知环境并迅速做出反应。有一个新兴的技术叫作激光探测与测量（light/laser detection and ranging，简称 LIDAR），过去主要用在军事上的地图绘制和目标瞄准，而现在，人们发现它还可以用来感知环境，但解读其感知的结果又是另一码事。将数据流进行整合，找出人们感兴趣的特征和障碍物，例如树、汽车、人和自行车，不过这需要计算机视觉领域在目前的水平上取得更大的进步才行（我会在第 3 章进行介绍）。

为了加速该问题的研究，也为了促进美国的科技领先优势，DARPA 举行了"无人驾驶机器人挑战赛"（Grand Challenge）。挑战的内容是在一段预先设计好的路上行驶，长约 240 公里，路面崎岖不平。第一个行驶完这段路的团队将获得 100 万美元的奖励。2004 年，第一届比赛在莫哈维沙漠举行，没有一个参赛选手行驶超过 11 公里的路程。2005 年，DARPA 不屈不挠地举行了第二届比赛。尽管前一年的表现差强人意，这届比赛还是吸引了 23 个团队参赛。这一次，结果完全不一样：有 5 个团队完成了挑战。第一名是来自斯坦福大学的一个团队，只用了不到 7 小时就完成了挑战。紧随其后的第二名和第三名都来自卡内基·梅隆大学。这段路十分折磨人，他们必须穿越"啤酒瓶关"（Beer Bottle Pass），这是一段狭窄蜿蜒的山路，紧邻陡峭的悬崖，还要穿过三条狭窄的隧道[44]。然而 DARPA 对比赛结果并不是很满意。2007 年，他们又举行了第三次比赛，叫作"城市挑战"（Urban Challenge）。比赛是在南加州一个封闭的军事基地内举行。这是一段将近100 公里的街道，包括路标、红绿灯和十字路口。这一次，一个来自卡内基·梅隆大学的团队战胜了上届冠军斯坦福大学团队，平均时速达到了近 9 公里 [45]。

于是，历史就此改变了。斯坦福大学团队的主管塞巴斯蒂安·特伦（Sebastian Thrun）接下来担任了斯坦福人工智能实验室的主管，后来加入了谷歌研究院，创立了一个实用型无人驾驶汽车的项目，很快成为全世界汽车厂商竞相模仿的对象。今天，这项技术已经在汽车上得到了很多应用，但汽车公司还不敢允许消费者完全放手让汽车自己驾驶，因为他们担心公众无法接受，也担心潜在的责任风险。不过，在接下来的几年里，这方面的限制可能会逐渐放松 [46]。

然而，人工智能最令人印象深刻和最广为人知的事情就是赢得了电视益智问答节目《危险边缘》。

据说，2004 年，IBM 公司一位名为查尔斯·利克尔（Charles Lickel）的研究经理正在和同事吃晚餐，突然他发现人们的注意力都被吸引到了电视上。当时，电视正在播放《危险边缘》冠军肯·詹宁斯（Ken Jennings）创造 74 次连胜的纪录。他意识到，这是 IBM 继深蓝之后又一个可能成功的机会，于是他建议同事设计一个计算机程序来参加这个节目。经过 15 人团队的 7 年努力以及与节目制作方的反复沟通，2011 年 1 月 14

日，以 IBM 公司创始人名字命名的计算机程序"沃森"
（Watson）战胜了肯·詹宁斯和另一位冠军布拉德·拉
特（Brad Rutter）。沃森的分数以美元计算是 35 734 美
元，拉特是 10 400 美元，詹宁斯是 4 800 美元[47]。为了
完成这个壮举，沃森使用了一个包含 2 亿页实例和图表
的数据库，包括维基百科的完整文本，总存储空间达到
4TB。然而，到了 2015 年，你只需要花 120 美元就可
以买到一块能装下这么多数据的外接硬盘，连到你的电
脑上。

这个成就非常了不起。在沃森的胜利中其实有一个窍门。
《危险边缘》的大多数冠军在多数时候都知道线索指向的答案，
但他们需要花一点时间才能想出来。获胜的关键是在读完线
索之后迅速按铃，要比其他选手按得快才能赢。与人类玩家
不同，沃森并不需要"阅读"题板上的线索，从一开始，线
索就是靠电子格式传输给沃森的。人类参赛者需要花几秒钟
的时间来读线索，并决定要不要按铃，但沃森却可以用这段
时间来搜索答案。更重要的是，它能在主持人读完线索后的
几毫秒内迅速按铃，速度远快于人类。尽管沃森能够回答这
些微妙和恼人的问题已经很了不起了，但它获胜的关键因素
却是因为它在速度上占了上风。

但 IBM 公司的业务并不是赢得比赛，而是销售计算机和软件。因此，IBM 在 2014 年宣布他们成立了一个新的业务部门来商业化这项技术。他们投资了 10 亿美元，准备雇用2 000 人来开发沃森生态系统，以该技术为基础促进商业、科学、政府应用等方面的发展[48]。

谷歌也不甘示弱，它的子公司 DeepMind 用机器学习算法来玩一项古老的棋类游戏——围棋。围棋的对弈双方在一个19×19 的棋盘上分别用白色和黑色的棋子来下棋。双方都要努力将对手的棋子包围起来[49]。在可能的棋局数量上，围棋远远超过了象棋，因此很难用机器学习之外的其他人工智能方法来解决，比方说，IBM 深蓝用来在国际象棋上打败卡斯帕罗夫的启发式搜索技术在围棋这里就不管用了。谷歌的这个程序名为 AlphaGo。2016 年 3 月，它以 5 局 4 胜的好成绩大胜国际围棋顶尖选手李世乭。

这场胜利当然是一个重大的科技成就，但它对机器智能及其与人类智能的关系到底意味着什么，目前尚不清楚。《纽约时报》引用了斯坦福人工智能实验室主管李飞飞说的一句话，我觉得她说得非常好。她说："我一点也不惊讶。汽车比最快的人跑得快，我们怎么不惊讶呢？"[50]

ARTIFICIAL

INTELLIGENCE

03

人工智能四大前沿变现机遇

人工智能领域通常可以被分为一些分支方向，它们或是能解决一些常见的但很困难的实际问题，或是需要一些不同的工具或技能。其中比较重要的有机器人学、计算机视觉、语音识别和自然语言处理。接下来，我将对这些方向进行简要的介绍。

机器人学，让机器做人做不到的事

机器人学需要的描述很简单，即建造机器来完成物理世界中的事情。许多人认为机器人都是模拟人类外形的，实际上并不尽然。目前，许多研究都希望能开发出更轻巧、更灵活、更牢固的材料，以及控制方法和新颖的设计（通常是受到自然界的启发而设计出来的），但真正让机器人学在人工智能中那些更为朴实的机械自动化子领域中独树一帜的，是人们总在试图开发设备来完成更通用的任务。例如，人们用不同的专用机器分别包装不同的食物和产品，并装入装运箱或容器内。然而，如何让一台设备处理不同的形状、尺寸、重量和易碎性的物体，依然是人工智能领域一个前沿的挑战[1]。此处最大的问题是如何适应不断变化或杂乱不堪的环境。在这方面，机器人学最重要的成就是无人驾驶汽车。虽然这项技术还很新，还有很多不确定性，但它们能在道路中找到正确的方向，并能成功避开道路中其他由人驾驶的汽车、自行车和行人，已经很了不起了。

人工智能技术让机器人能够在人类无法施展拳脚的地方工作，带来了全新的经济机遇。在那些对人类来说太过危险或成本太高的任务中，机器人具有很大的价值。例如，在海底采矿和种植作物、用专门捉昆虫的机械捕食机器人来清除农业害虫，或清理工业事故现场等。

值得一提的用途是太空探索。1993 年，NASA 发射了一艘搭载有 7 人的航天飞机去维修哈勃太空望远镜。该任务需要宇航员极其精准地调试哈勃望远镜的光学器件。这是 5 次哈勃维修任务中的第一次[2]。2004 年，人们开始慎重考虑是否要用加拿大生产的双臂机器人 Dextre 来替代人类宇航员执行最后一次任务，但碍于当时的技术还不够发达，此举被认为过于冒险而未成行[3]。无论如何，在不远的未来，对这种需要离开地球表面完成的任务而言（例如，分析地质样本、搜寻生物、小行星采矿，以及让飞向地球的天体转向等），使用机器设备或许比人类自己操作更具有实际意义。NASA 的火星探测器"机遇"号（Opportunity）和"好奇"号（Curiosity）就是这类应用最早的例子，虽然我们不太清楚它们对人工智能技术的依赖程度[4]。

美国的 DARPA 曾举行了一次机器人挑战赛，是因为福岛核电站事故后，人类进入灾区进行维修十分困难[5]。参赛团队需要让他们的机器人完成多种多样的任务，例如驾驶运载车、开门、定位和关闭某个阀门，以及将某个消防软管连接到储水罐。

照料老人是机器人研究的另一个活跃领域，因为在许多国家，尤其是日本，人口老龄化现象十分严重。许多项目都在努力为年老体衰和丧失自理能力的人开发机器人辅助设备，但是，目前最具有实际意义的项目都聚焦在某些特定的任务上，例如保证病人按时、按量吃药或帮助他们从床上移动到轮椅上[6]。与你在电影《机器人与弗兰克》（Robot & Frank）中看到的不同，家用机器人想要完成人类护工提供的一般辅助任务，还有很长的路要走[7]。

还有一种辅助性机器人提供的不是外在的帮助，而是心理上的慰藉。例如，治疗型机器人 Paro 向认知受损的病人提供有益的"动物疗法"[8]。机器人的外表是一只毛茸茸的小海豹，能够对拥抱和爱抚等行为做出反应。有证据表明，Paro能够增进社交和促进放松，还能提升积极性。然而，这种人工"情感"机器人难逃争议。麻省理工学院教授雪莉·特克尔[①]（Sherry Turkle）研究技术的社会效应，她发出了警告：促进情感联系的机器人具有本质的迷惑性，有可能损害人与人之间的关系[9]。

还有一些用于娱乐的机器人。这些机器人通常都拥有人形的外表，就像迪士尼乐园中常见的那些预先编好程序的动物形象一样，只不过更加灵活，交互性也更强。例如，机器人公司Alderbaran和软银移动（Soft Bank Mobile）共同推出的机器人Pepper会试着猜测你的目的，并相应地做出回应[10]。它目前被用在日本软银营业厅里迎接顾客，可以回答一些与产品和服务有关的问题，但它的主要价值是吸引顾客和讨他们欢心。从玩具公司孩之宝（Hasbro）的Furby到索尼的机器狗AIBO（AIBO是人工智能机器人的英文artificial intelligence robot的缩写，发音很接近日语中的"伙伴"，已经停产），这些机器人都想用渐增的复杂性和响应能力来吸引儿童和成人[11]。

①　雪莉·特克尔被誉为"信息技术领域的'弗洛伊德'"，她的《群体性孤独》一书是互联网时代技术影响人际关系的反思之作。该书中文简体字版已由湛庐文化策划、浙江人民出版社出版。——编者注

从机器人学创立伊始，人们就梦想着能拥有私人的机器仆人。但是，人形机器仆人的流行印象，也就是动画片《摩登家族》（*The Jetsons*）里的罗茜那种家政机器人，不过这还只是个遥远的梦想。目前，最先进的家政机器人是 iRobot 公司生产的 Roomba 扫地机器人，它可以在地板和地毯上跑来跑去、避开楼梯，还能在电量低时自己去充电。一般来说，它在工作时能尽量不挡你的去路。在本书写作之时，最新的型号是 Roomba 980，这个型号的机器人能够逐渐构建起你家的地图，确保清扫每个角落，而过去的型号则只是随机地跑来跑去[12]。

近年来，机器人领域最令人兴奋的进展是"集群机器人"（swarm robotics）。大量相对简单和同质的机器人被编入一些规则，组合成一个集体。当集体一起行动时，这些机器人能够展现出复杂的行为，称为"突现行为"（emergent behavior）。在蚁群和蜂群中，也能观察到同样的行为，它们的成员形成了社群，可以解决远超出个体理解力或能力的问题。集群机器人的尺寸没有限制，但许多研究都聚焦在小尺寸（昆虫大小）或微型尺寸（纳米机器人）上。这些机器人的集体可以协同完成一些任务，例如，对受困于倒塌建筑物中的幸存者进行定位，或探测有毒物质的泄露点。它们协作的方式通常是形成特殊的网络或者与邻近的个体进行点对点沟通。

集群机器人可能带来的好处和威胁怎么夸张都不为过。从积极的方面说，它能极大地促进医学进展，例如可以在病人身体内部实施无创外科手术。想象一下，假设给病人注射满满一管大小与 T 细胞不相上下、可以模拟免疫系统功能、能够搜寻和攻击血源性癌细胞的机器人，会发生什么样的事。或者，一个鞋盒大小的装满了蟑螂大小的机器人，它们可以跑来跑去地收集地上和墙上的尘土，并将其装进小袋子，方便丢弃。再想象一下，用几千个鼹鼠大小的机器人来探寻地下的矿产，接着再用小小的机器人矿工去挖矿。

然而，巨大的威胁也会步步逼近。用来治疗血癌的机器人同样也可以用来杀人，甚至用来控制你的行为[13]。每个为厨房除过白蚁的人都知道，要想彻底清除这种体积微小但组织有序的入侵者有多么困难。集群机器人还有可能被用在军事或恐怖袭击上，令人毛骨悚然，后果不堪设想。

多机器人协作的相关研究通常都在更大的规模上进行，主要目标是通过中心化的计算资源来动态协调机器人群组的行为。例如，亚马逊公司于 2012 年收购了仓储管理机器人公司 Kiva Systems，他们的产品能够协调机器人群体的行为，让它们将产品从货架上取给（人类）货物包装员[14]。为了启发和促进多机器人系统的研究，人们还举行了一个名为 RoboCup 的年度比赛。在其中，各个团队用机器人举行足球比赛，该比赛的正式名字就叫"机器人世界杯足球赛"[15]。

军事上的应用就更多了，而且都很危险。公众或许会想象出电影《终结者》那样的机器人士兵携带着武器在战场上跑来跑去的场景。然而，事实却大相径庭。军用机器人不会被设计来使用武器，因为它们本身就是武器。例如，可以自动识别和射击目标的枪炮，能将爆炸物精确投放到目标位置的无人机，只有当特定的敌人汽车靠近时才会爆炸的地雷，这些可能会令人担忧。因此，联合国和军事领域都正在研究在战区使用这些精确军火来支持或代替人类的伦理问题和后果[16]。目前人们的共识是，为了小心起见，在扣动扳机之前，所有瞄准的决策链中都必须包含人类。但是，尚不清楚这是否可行，或者在伦理上是否无懈可击，因为强制要求人类来审核瞄准决策，可能会危及另一些人的生命。

与人工智能中其他轮廓鲜明的应用不同，机器人学的范围既包括那些执行生硬动作的简单设备（在工厂中常见的那些），也包括那些能感知环境、能推理和行动，并针对观察到的新现象来调整初始计划的复杂系统，因此，机器人领域的边界十分模糊。但我们必须记住，实际的进步总是明显滞后于公众的感觉。录制一个大眼迷人的机器人与训练有素的演示者侃大山的视频很简单，但是，大多数这类系统都比人们想象的脆弱得多。若想了解机器人的现状，有一个更加真实又滑稽的视频，这是一个机器人摔倒的集锦，还被《科技纵

览》杂志（*IEEE Spectrum*）配上了音乐，你可以去 YouTube
网站上观看 [17]。

计算机视觉，让计算机具备"感知"能力

正如你预计的那样，计算机视觉主要是让计算机具备"看"
的能力，也就是说，让它可以解读视觉图像。计算机视觉领
域的研究与符号系统向机器学习的转变同步进行。该领域的
早期工作聚焦在打磨算法，这些算法使用视觉图像的专业知
识和对感兴趣物体的描述来寻找线条和区域等拥有语义意义
的元素，接着再把这些元素组合成更大和更通用的物体。例
如，一个椅子识别程序可能会搜寻椅子腿、坐垫、靠背等部件。
但更现代的方法则是用机器学习，通常是用一种专门的卷积
神经网络（Convolutional Neural Nets，简称 CNN），从一个很
大的案例库中进行建模。笼统地说，CNN 是先在图像中细小
而重叠的区域内搜寻模式，然后将它们"学到"的东西传播
给邻近的区域，接着逐步传播给图像中更大的区域。

多亏了机器学习技术，计算机视觉近年来取得了快速的
发展。例如，ImageNet 大规模视觉识别挑战赛的精确度得到
了显著提升。这项比赛的目的是让参赛者在包含 1 000 类物
体的 15 万张照片中检测和定位 200 种物体。目前的错误率是
5%，而几年前的错误率是现在的好几倍 [18]。这项赛事正将视

频也包含进来，要求参赛者在视频中识别物体，并采用更叙述性的语句来描述场景，例如"那个踢了一脚球但没有踢进球门的男孩"。

然而，该领域带来的希望远不止是处理视觉图像而已。对于计算机视觉或者说广义上的图像处理，你还可以用另一种不同的方式来看待，那就是，它能将输入的代表三维物体表面反射光线的二维平面图像，解读或重构成原始场景的一个模型。它重构场景的方式可以有很多种，例如，可以是基于不同角度拍摄的多张照片（立体视觉），也可以是关于光线的几何与物理知识、不同表面的反射度，以及对真实世界物体特性的理解（比如通常是人骑着马，而不是马骑着人）。真实的三维世界遵循着一定的构成规则，这些规则限制了投射入人眼或数码相机内的简化二维图像的样子。这就是视错觉违背的那些规则。然而，比起人眼，这种技术拥有更广泛的应用。我们的眼睛和大多数相机都是对反射光线进行采样，但还有很多各种各样的传感器收集着人眼看不见的关于真实世界的信息。例如，一些特殊设备不仅能捕捉代表热量的红外线，还能捕捉如雷达和震动这样的反射信号。只要经过合适的调试，用来处理光线的规则和技术也可以用来解读与重构那些基于非可见信号的场景。

虽然有些"场景"遵循着某些物理限制与共性，但它们本质上是人类看不见的。不过我们能用某些计算机工具将其"可视化"，例如地下油层的位置和形状、脑瘤、混凝土大坝受压时形成的裂缝。只要我们对被测区域的材料特性有足够的了解，并有方法来收集信号以便将该区域转换为我们可理解的图像，我们广义上就能用计算机视觉技术来处理它。从原则上来说，不管是场景还是图像都不一定非得拥有物理实体。只要被测区域遵循着某些规则，并且其图像代表了该区域内的元素所对应的较低维度数据组，那么这些数据就能被处理，并能向人们提供关于该区域内部结构的洞察[19]。

换句话说，计算机可以"看见"我们看不见的物体。听起来神秘，其实不然，许多动物都可以做到这一点。例如，蝙蝠用回声定位来观测周围环境，大多数鸟都能看见人类看不见的颜色，它们也用这个技能来挑选配偶、发出饥饿信号和清除巢内害虫等[20]。

计算机视觉技术最主要的应用是什么呢？是那些需要在特定场景中识别和定位物体的真实世界问题，包括一些看起来很简单的任务，例如用锤子钉钉子、叠盘子、刷墙、除草，以及判断成熟果实的位置并将它们摘下来。基础机械工程和机器人学就是基于这些信息来行事的技术，它们已经存在一段时间了，但是却受到了极大的限制，因为它们需要事先对物体进行定义，还需要物体总是处在固定的位置。满足这些条件的环境很少，例如工厂车间。但计算机视觉领域近期的一些进展却让它们可以在不那么结构化的真实世界环境中执行任务。接下来的几十年里，我们很可能会见证机器人可完成的任务（以及工作）种类的大爆炸。我将在后面的章节进行解释。

计算机视觉的第二个主要的应用是用于信息本身。现在，我们基本上已经完成了从用纸记录和交流信息（文本、对话、图片等）向电子格式的转变。但我们收集、存储和分享的数据变得越来越视觉化。数码相机的发展把拍摄和分享照片的成本降低到了接近零，尤其是在它们被整合入智能手机这种无处不在的设备之后。因此，很多人连在小键盘上敲出"我正在和父母游览金门大桥"都不愿意，只是选择发送照片。其结果就是，互联网上流动的视觉信息迅速增加。据最近的一份行业报告预计，到 2018 年，互联网上 84% 的流量都将是视频[21]。

于是，问题来了。文本数据能以电子形式来解读、分类和检索，但图片和视频却不一样。图片和视频如果没有在源头进行标记或者没有经过人类手工分类，是没有办法进行管理的。你可能会有点惊讶：当你在谷歌上搜索图片时，你并不是真的在搜索图片本身，而是在搜索相应的标签和文本，是它们决定要呈现给你什么内容。这就是为什么图片搜索的精确度低于网页搜索。因此，随着越来越多的电子数据由文本转向可视化形式，我们面临着在日益扩张的数字网络中可能再也看不到信息流的风险。

但计算机视觉技术有望自动解决这一问题。从国土安全事件到在 Facebook 上圈出你的朋友，人脸识别程序已经被用在许多领域。但很快，计算机解读和标记图像的能力就会扩展，从而覆盖到你关心或感兴趣的几乎所有可识别的物体、事件、产品、人或场景。计算机视觉技术的到来，或许正好能够将人类从我们自己产生的信息海洋当中营救出来。

语音识别，商业化的核心领域

人类通常是先学会说话，再学会写字。但计算机却正相反。对计算机来说，语音识别比文本处理难太多了，主要是因为口语变化多端，并且音频流中总是夹杂着噪声。将"信号"与"噪声"区分开，并将其誊录成正确的文本，不管对人还是对计算机来说都是一个艰难的任务。对于看电视时喜欢看字幕的观众都对此深有体会。但是，将人声与背景音区分开只是万里长征的第一步。早期的研究者很快发现，人讲话时，字与字之间并没有明显的停顿，这或许与你的直觉相悖。还有大量的信息是由音量和语气的变化来传递的（语言学家称之为"韵律"[prosody]）。在英文中，如果你改变句尾的声调，甚至可以完全改变整个句子表达的意思。想一想，你说"这是真的"和"这是真的？"的方式是不同的。还有一个大问题是如何区分同音异义词。这种词听起来完全一样，但意思不同，例如"died"和"dyed"。此外，还有很多因素让问题进一步复杂化，比如说话者的身份、谈话涉及的领域、前文语境（如果有的话），以及不同的声音、节奏、速度和音调变化等。

从根本上说，语音识别与图像解读是完全不同的，因为前者是单个变量（声波）随时间推移而发生的动态变化，而后者则可以被比喻为某一时刻的反射光线在二维平面内的一张抓拍快照。二者的数据中包含的信息也完全不同。语音是一种旨在交流想法的人造物，它以词语的特定序列来进行表达，并用人的声音来进行编码。有时，它会用一些附加信息来进行增强，例如声调、语速、口音、词汇等，这些信息可以传达说话者的情绪状态、他们与听者的地位关系，或他们的"团体从属"等特性。这些都属于口头语言的次要内容。除了极少数的情况之外，现代语音识别系统都会将它们忽略掉，而更专注于对文本内容的识别。而图像处理却不一样，图像是符合物理定律的自然发生模式。因此，它们使用的工具和技术也不一样。

挑战如此之多，如果真有希望解决这个问题，也算得上一个奇迹了。大多数早期的语音识别研究都希望通过一些限制来简化任务，例如限制所说的词汇量、简化谈论的领域（例如只谈论下象棋）、要求说话者在词与词之间停顿，或者要么针对某一个说话者来单独设计，要么让他们接受冗长的训练课程（说话者和机器均需要训练）[22]。

为了促进该领域的发展，1971 年，DARPA 资助了一项为期 5 年的比赛，比赛内容是连续语音识别——在词与词之间无停顿，其词汇库包含了至少 1 000 个单词。当时的参赛者到底有没有成功，这个问题尚有争议。但在第一届比赛之后，DARPA 拒绝继续资助，直到 10 年后的 1984 年，它才兴趣重燃[23]。这次比赛中的团队使用了各种各样的方法来编码，并将例如句法学、语音学、声学和信号处理许多领域的既有知识整合了起来。

在 20 世纪 80 年代，一个称为隐马尔科夫模型（Hidden Markov Modeling, HMM）的统计学方法开始被用于语音识别上，结果效果显著。简单来说，HMM 就是动态化地处理声音流（比如说从左到右），不断地计算和更新关于某些解释是否正确的可能性。随之诞生了一些语音识别的商业应用产品，其中最重要的当属 Dragon Systems 公司的语言识别软件 NaturallySpeaking（现在属于纽昂斯通信公司 [Nuance Communications] 的一部分）[24]。这种方法虽然比过去有了显著进步，但至少在初期它还是不够精确，不能广泛应用于许多领域。

近年来，现代机器学习的应用虽然依然受到对语音样本进行大规模采样与分析的能力所驱动，但系统的精度和实用性却大大提高了。2009 年，多伦多大学的一个研究团队与 IBM 研究院合作，将机器学习应用于语音识别，错误率降低了 30%，十分了不起[25]。这个进步在智能手机上找到了重要的应用场景，可以作为一种发出指令和输入数据的新方法，引爆了对该领域的兴趣和研究。

更强大的计算机、获取大量训练数据的能力和机器学习技术三者再一次结合起来，解决了这个问题，为我们带来了具有实际意义和重要商业价值的系统。尽管现在的计算机语音识别系统的能力与人类能力相比还十分逊色，但这项技术在少数领域内的应用令人印象深刻。例如，谷歌语音助手 Google Assistant 和苹果公司的 Siri 都已被安装在它们各自出品的智能手机上。

自然语言处理，语言进化的新路径

人类与其他动物的一大区别就是我们能使用语言。语言不仅可以用来沟通，还能帮助我们思考、记忆、分类事物，并标记个体。语言不但可以描述事物，还能用在教育、创造、想象、表明动机、做出承诺、辨认种族等事情上。与我们自身一样，语言也会进化，并根据我们的需求来量身定制，就像鲜活的生物一样。

语言究竟是如何进化出来的呢？关于这个问题，有太多太多的理论在互相竞争，它们互不相让，以致巴黎语言学协会不得已在 1866 年禁止了关于语言起源的讨论 [26]。（或许这些巴黎人在某一时刻放松了限制。）在更近一些的年代，传奇的语言学家诺姆·乔姆斯基（Noam Chomsky）等人质疑了"语言是进化出来的"，即"语言是一次突然的个体变异的结果"这种观点 [27]。但出现了一个著名的理论，认为语言是交流手势的自然延伸，只不过语言是用舌头和嘴，而不是用手和胳膊。确实，手势和语言通常会一起使用。有些人甚至觉得，如果不用手势的话，他们很难表达清楚自己的想法。这个新方法对狩猎和采集的作用十分明显：你的四肢空出来了，就可以做其他事情，并且交流也不一定非得要双方都处于对方的视线范围之内才能进行。更好的语言意味着更多的食物，因此，这种动机一定很强。更别提语言所赋予的求偶、贸易、训练、编纂社会传统（规则和法律）等方面的选择性优势，这些理由足够让语言像野火一样蔓延，而不论它究竟起源何处。

但这些与机器或计算机没有任何关系。虽然我们用"计算机语言"来表示某些用形式化方法构建起来的系统，但这其实只是一种类比。类似的词语还包括"机器学习"和"信息高速公路"。人们设计计算机语言只有一个目的：**让人们更容易以一种精确而明晰的方式对计算机进行编程**。处理计算机语言的程序称为编译器（compiler），这是一种形式化的方法，用来将更抽象但严格的计算过程说明转换成一种可以在特定计算设备上运行的形式 [28]。因此，你不会用计算机语言 Java 来写诗。

即便如此，计算机语言与人类语言之间还是有很强的联系，人们直到最近才开始相信这一点。很长时间以来，描写语言学（descriptive linguistics）都在寻找对语言结构进行编码的方法，这至少可追溯到公元前 14 世纪，那时的印度语法学家帕尼尼（Panini）对梵文编写了 3 996 条规则。的确，直到今天，我们依然会教语法，我们甚至还有所谓的文法学校（grammar school）[①]。但是，每个学生都会很快发现，语法规则并不总是成立，你必须记住许多例外情况。这意味着，将语言简化成规则的尝试，往好里说是一种过分简单化，往坏里说，那就是一个纯粹的错误。

但是，几乎人人都认为语言遵循着一定的句法规则。所以，计算语言学的早期研究者想要将基本词汇种类和句法结构（例

---

① 文法学校在美国指的是中学。参见维基百科词条：https://en.wikipedia.org/wiki/Grammar_school#United_States。——译者注

如名词、动词短语、从句等）编码成复杂的形式，以便在计算机上处理自然（人类）语言，也就不足为奇了。（我也是其中之一。20 世纪 70 年代，我的博士论文就属于这个领域。）老实说，这种方法的效果不是特别好，主要是因为它没法灵活地处理例外情况，还有与学校里教的规则所不同的习惯用语。哪怕是简单的指代消解（resolving references），也就是判断一个词语或短语指代的对象是什么（即使在同一句话中，相同的词或短语的意思也可能不同），也通常需要远超出当下文本的知识和语境。（语言学家称之为"回指"[anaphora]。）当我请你坐在"这张"椅子上，而不是"那张"椅子上时，如果你和我缺乏对当下物理环境的共同认知，那么你不可能知道我说的是哪一张椅子。虽然我们可以用图解的方法来研究单个句子或短语，但如果这是发生在多方之间的对话或会谈，那又完全是另一码事了。一个简单的事实是，除了形式化的语法分析之外，显然还有更多（或者更少）的东西。

因此，几十年以来，用计算机处理自然语言一直蹒跚而行，直到有人尝试了另一个完全不同的方法：机器学习。更具体地说，就是我在第 2 章描述过的统计学机器学习方法。以前的方法都需要对规则进行手工编码，而机器学习的新方法则需要大量称为"语料库"（corpora）的文本。随着计算机可读的书面文本越来越多，语料库开始变得越来越大，也越来越容易收集。

但是，光是分析是没用的，除非你用它来做一些事情，毕竟句法树形图本身只是一些附上了词语的线条图，除非你把它们用于某些具体的目的，例如移动从句。所以，该领域的工作主要聚焦在一些具有重要实用价值的问题上，例如在不同语言间翻译文本、为文件生成摘要或回答问题等，通常是基于由该领域的事实组成的数据库。

以翻译为例。翻译最大的优势是你可以将原始文本与正确的翻译文本进行配对，以此为出发点，而不太需要其他形式的相关知识或信息。通过自动寻找原始文本与目标文本之间的关联，统计学机器翻译程序（人们通常这么称呼它）不仅可以学到输入样本的潜在结构，还可以学到它与输出样本中的正确翻译的相关性[29]。这些技术并不能保证翻译的完全正确，但是它能提供一些可能正确的版本。

一个缺乏真实世界经验、完全不理解文本意思的计算机程序竟然能够进行很合乎逻辑的翻译，看起来已经很违背直觉，更别提打败那些由精通两门语言的人类手工编码的程序了。但是，只要给予足够多的例子，它们就真的能做到。现代人工智能一个了不起的成就便是发现和寻找解释：**如何在足够多的例子中寻找关联，获取洞察并以超人的水平解决问题，而不用对该领域有着深刻的理解和常识。**这带来了一种可能性，人类为解释问题而做出的努力，有可能只是走个过场戏，是对超出人脑理解范围的无穷关联与事实所做出的，宏大但通常并不完美的总结。然而，机器翻译的成功，以及人工智能研究者用类似方法探索的其他许多问题领域，似乎都在暗示着我们，人类组织思想的方法或许只是众多理解世界的方法中的一个，甚至可能不是最好的那一个。总的来说，我们目前还无法理解和参透机器翻译程序究竟学到了些什么，以及它们究竟是如何执行翻译的，就像我们尚不清楚人脑是如何运行的一样。

ARTIFICIAL

INTELLIGENCE

04
人工智能的哲学

你可能会感到疑惑，为什么人工智能这个领域会招致如此多的非议。毕竟，像土木工程、机械工程或电子工程这样的工程学科通常不会成为各个人文学科都争相批评的对象。这很大程度上是一些从业者自己造成的后果，因为他们可能是由于太过天真或者是为了吸引注意力和投资，而对该领域的未来做出了太多过于乐观的预言，并过分夸大了他们成果的普适性[1]。不过，人工智能确实在"人类的唯一性以及人类在宇宙中的位置"这个问题上对哲学和宗教都提出了很大的挑战。智能机器有潜力为心智本质、自由意志，以及非生物主体是否可看作生命这样的基本问题做出客观的阐释。对那些思考着这些问题的人来说，能解决这些深奥的历史争论是一件令人既兴奋又恐惧的事。说到底，许多问题的根本在于我们关于人类自身的基本信念，其中有一些很难用科学来解释，例如灵魂是否存在，或者笛卡尔的身心二元论（心灵世界与物理世界不同，并独立于物理世界而存在）。

除了哲学问题，还有一些更为朴实的担忧，例如，有人担心，人工智能即便不会危及人们的生命，或许也会危及许多人的饭碗。这个担忧是合理的，但却变成了机器叛乱小说及电影中常见的主题，最早甚至可以追溯到 1920 年捷克作家卡雷尔·卡佩克（Karel Čapek）所写的著作《罗苏姆万能机器人》（*Rossum's Universal Robots*, *R.U.R.*）。正是这部作品发明了"机器人"（robot）这个词（源于捷克语中的"robota"一词，意思是强迫的劳动力）[2]。

简而言之，人工智能哲学追问的问题是：计算机，或一般意义上的机器，或者再扩展一些，所有非自然起源的物体是否拥有心灵，或者是否可以思考？简单地说，答案取决于你认为"心灵"和"思考"是什么意思。这个争论已经以各种形式绵延了几十年，丝毫没有减弱和解决的意思，更别提解决了。

关于机器是否或者能否拥有思考的心智，我将带你回顾一下支持者和反对者的论点以及与之有关的有趣历史。

强弱人工智能之争

我不打算介绍人工智能研究者冗长的理论，但值得一提

的是，他们将人工智能分成"强"和"弱"两种，这算得上
是最大的争议了。简而言之，强人工智能的观点认为机器能
够并且最终一定会拥有心灵；而弱人工智能则认为机器只是
在模拟而不是复制真正的智能。换句话说，**强弱人工智能的
区别在于机器是真正的智能，还是表现得"好像"很智能
一样。**

为了说明这件事有多么令人迷惑，我将在本章中尝试让
你意识到你在这个问题上可能同时赞成对立的观点。如果你
果真如此，并不意味着你疯了或者你的脑子糊涂了。相比之下，
我相信这只是意味着我们还没有一个足以解决该矛盾的共识
框架，至少现在还没有。你和我可能尚未达成共识，但我希
望在未来的某一天，我们的子孙会达成他们的共识。

计算机能思考吗

1950 年，英国著名数学家艾伦·图灵（Alan Turing）在
一篇名为《计算机器与智能》（*Computing Machinery and
Intelligence*）的文章中思考了这个问题[3]。在文章中，他提出
用投票的方式来解决。他构建了一个"模仿游戏"（imitation
game），在游戏中，一个身处隔离房间中的询问者，让他与其
他房间的一名男性和一名女性只能用书面沟通的方式来交流
（最好是通过打字），目的是猜出哪一个对话者是男性，哪一

个是女性。男性对话者试图欺骗询问者，让他以为自己是女性，而女性对话者则诚实地告知自己的性别，试图帮助询问者做出正确的判断（但正如图灵所说，这样做是徒劳无功的）。接着，请读者想象，将男性对话者换成一台机器，将女性对话者换成男性对话者。模仿游戏现在被人们广泛地称为图灵测试（Turing Test）[4]。

　　且不说图灵这位著名的同性恋科学家，让男性对话者说服询问者他是一个女性，也不说他让男性对话者扮演一个骗子而让女性扮演一个讲真话的人，这其中到底有多少引人注目的反讽意味，他接下来质问，机器有没有可能在这个游戏中赢过男性对话者？（也就是，机器要欺骗询问者，让他认为它是一个男人，而男人则诚实地告知询问者自己是一个真正的男人。）尽管现在人们普遍认为图灵提出的这个测试是检验机器是否智能的"入学考试"，但他实际上只是在猜想，我们对"思考"这个词赋予的内涵是否可以延伸得足够远，远到可以用来描述某些足够强大的机器或程序。图灵预计，这将发生在 20 世纪末。这个猜测十分准确，因为现在我们已经习惯于说机器在"思考"，特别是当我们不耐烦地等待它们回应的时候。用图灵自己的话说："'机器能思考吗？'我相信这个问题原本是无意义的，不值得讨论。不过我相信到 21 世纪末，人们对语言的使用和普遍的看法一定已经大大改变，以至

于当人们说'机器在思考'的时候不用担心遭到反驳。"[5]

图灵是正确的吗？这个问题真的是无意义的，不值得讨论吗？很明显，答案取决于我们认为"思考"是什么意思。

我们可能会认为，思考就是一种操纵符号以便从初始假定推出结论的能力。毫无疑问，现在的计算机程序当然能够操纵符号，所以，从这个定义出发，它们似乎也应该具备思考的能力。然而，光是像熬粥一样翻搅符号是远远不够的，它还需要意味着什么，或者做点儿什么。否则，区分不同的计算机程序又有什么意义呢；并且，假如任意一个处理符号的程序（无论多么微不足道）都能被视为具备思考的能力，这似乎不太对头。那么，一个计算机程序如何才能意味着什么或者做些什么呢？

研究符号问题的哲学和语言学分支学科叫作符号学（semiotics）。符号学研究的就是用符号来推理和交流。句法（syntax）与语义（semantics）的区别在于，句法是指排列和操纵符号的规则，而语义是指这些符号和规则的意义。句法通常很好理解，而语义则不然，即便是专家也无法对"意义"的意义达成共识。大多数理论认为，"意义"必须以某种形式将符号本身与它们在真实世界中所指代的对象联系起来。

让我们来看一个简单的例子。你可能会认为，数字本身是

有意义的，但实际上并不然。我来解释一下为什么。请想象
以下符号：！、@、#、$，两两用加号"+"相连，并用等号"="
与另一个符号相连：

$$! + ! = @$$
$$! + @ = \#$$
$$@ + ! = \#$$
$$! + \# = \$$$
$$\# + ! = \$$$
$$@ + @ = \$$$

　　现在，请你来玩一个小游戏。请你将上面等式里的符号
替换成另一组不同的符号，但保留连接符号的规则，然后看
看你得到了什么结果。听起来，这个游戏似乎能让一个 5 岁
小孩玩上一会儿了。但你换来换去，它也没能令你刮目相看，
因为它不能告诉你丁点儿与宇宙本质有关的奥秘，直到你替
换了一组不同的符号，并得到下列等式：

$$1 + 1 = 2$$
$$1 + 2 = 3$$
$$2 + 1 = 3$$
$$1 + 3 = 4$$
$$3 + 1 = 4$$
$$2 + 2 = 4$$

突然间，这些等式似乎都有意义了！我们都知道 1、2、3、4 的意义，但实际上，它们的意义并不比！、@、#、$ 的意义更多或者更少。数字之所以有意义，是因为我们将它们与其他概念或者真实世界的物体关联了起来。如果我们将 "$" 与 "4 个任意物体" 关联起来，那么，上述规则的某个扩展版本就可以用来解决某些具备极大实践价值的问题。你可以坐在那里，整天操纵各种符号，但这没有任何意义。换句话说，笼统地讲，你怎么想是无关紧要的，除非你真的做点儿什么事情。要做点儿什么事情，就需要操纵符号系统的那个主体与该主体外部的某些东西发生一些联系。在计算机程序的例子中，这可以是本月电话欠费数额、象棋棋子的运动（物理的或虚拟的都算），或者机器人捡起铅笔的行为。只有在这些情境下，你才可以说，对符号的操纵具有了意义。

上述例子只是普通的算术。然而，符号和规则的概念只要经过极大的扩展，就能在一定水平上对任何计算机程序进行合理的描述，即便这些程序可能存在其他解释。许多计算机科学专业的学生第一次发现所有的高中数学知识都只是某些极其简单的一般规则的特例时，都惊讶得瞠目结舌[6]。

因此，一些人工智能批评者（其中最值得一提的是加州大学伯克利分校的哲学教授约翰·塞尔）理所当然地发现，从这个意义上说，计算机本身根本不能"思考"，因为它们不懂其中的意味，也不能采取行动，充其量只是在操纵符号。只有我们人类才能将计算机的计算结果与外部世界联系起来。但塞尔更进了一步。他指出，即使只是说"计算机在操纵符号"也言过其实了。电子在计算机的集成电路中飘来荡去，但只有我们人类才能将这个行为解读成"操纵符号"。

还有一些重要思想家的观点也值得一提，例如 M. 罗斯·奎廉（M. Ross Quillian）[7]。他认为，虽然符号本身可能缺乏语义，但它们与其他符号的关系中或许会衍生出意义，就像辞典对词语的解释总是由其他词语组成的一样。尽管我认为这是一个重要的发现，但进一步思考后却发现它似乎并不充分。比如说，外星人可以通过阅读辞典来窥见我们的语言，但他们却无法从中了解"爱是什么"。机器学习算法也面临着同样的概念性（而非实践性）缺陷，虽然它能反映真实世界的复杂性，但由于缺乏与世界的某些联系，所以就像是一座没有地基的高楼。

塞尔和其他人的类似论点听起来非常有道理，但如果你把它们运用在人类身上，就会发现有点不对劲。我们认为"人类会思考"是理所当然的事情。然而，"你的思想在脑中飞旋"，与"字节在计算机中疾驰"又有什么区别呢？二者都是输入一些信息、以"符号"形式表达（例如从你眼中传来的离散神经信号）、处理，然后输出信息（例如，神经信号传递到你的手部，指示它按下键盘，打出一份月度销售总额的表格）。

塞尔认为，人脑和计算机二者实际上是不同的，只不过我们还不理解大脑中发生了什么。他很聪明地回避了猜测二者真正的区别是什么[8]。我们必须理解他这句话要表达的意思，这很重要。他不是在说，人类心智拥有一些超越科学的神秘特征。他的双脚坚实地踏在一个信念之上，这个信念就是，**物理世界（通常）是确定性的，可用测量和理性的方法来分析。**他的意思是，我们还不能理解大脑中发生的某些事情，但等到我们能够理解的时候（他认为这很可能会发生），我们就能解释那些人类独有的特征，包括思考、意识、感受（哲学家称之为"感质"[qualia]）、知觉等。塞尔也不是在说，计算机程序永远无法完成某些任务，例如绘制美丽的图画、发现自然规律或安慰失恋的人。但他相信，**程序是在对思考进行"模拟"，而不是"复制"人类实施上述活动时大脑中发生的事情。**对塞尔来说，当一架自动钢琴演奏拉赫玛尼诺夫钢琴协奏曲时，它所做的事情与一位演奏同样曲目的大师级音乐家是不同的，尽管二者听起来并没有差别。简而言之，塞尔的意思是说，计算机，至少以它们目前的形式而言，与人脑是不同的。

ARTIFICIAL
INTELLIGENCE
人工智能大拷问

尽管一代又一代的人工智能研究者都试图对塞尔的质疑进行辩解，但我认为他的基本观点是正确的[9]。计算机程序确实与人类对思考的常识性直觉不同。计算机只是在执行符合逻辑的、确定性的行动序列，而无论它们内部结构的状态变化有多么复杂。然而麻烦的事情就在这里：如果你认为我们的大脑只不过是由生物材料组成的符号操纵器，那么，你也只能很自然地得出"人类大脑也不能思考"这一结论。切断大脑与外部世界的联系，它也只能完成计算机能做的事。但是，这与我们的一个常识性直觉不符，那就是：**即便我们坐在一个黑暗安静的房间里，切断所有的输入和输出，我们依然可以思考。二者无法兼得：如果操纵符号就是智能的基础，那么，要么人和机器都能思考（原则上是这样，而在实践中，今天还无法实现），要么就都不能。**

但是，如果你想要沉醉在"人类就是特殊的"这个痴心妄想中，就像塞尔相信的那样，认为从某些尚不清楚的本质上说，人与机器是不同的，或者人类被赋予了某些神秘物质，将我们与自然界其他生物区分开，那么，你可以坚称思考是

人类独有的特征，机器只是假装拥有人类的认知能力。这是你的选择。但是，在你做决定之前，请记住，有越来越多的证据正在影响我们一些看似明显的直觉，一些与我们最典型的人类能力有关的直觉，例如，我们拥有自由意志。

计算机能拥有自由意志吗

几乎所有人都相信，人类，或许还包括一些动物，都拥有自由意志，那机器或计算机是否也能拥有自由意志呢？为了回答这个问题，最好先回顾一下我们所说的自由意志的内涵。关于自由意志的本质及其存在与否的问题，人们在哲学和宗教上争论了很多年。[10] 通常，自由意志是指，我们有能力做出慎重的选择，虽然有时摇摆不定，但我们的选择不由外部力量来决定。因此，我们首先看到的是，人类会区分内部和外部：**若想理解自由意志，我们必须在"我们"的周围包裹一个"盒子"，将"我们"与"非我们"区分开。**但是，这还不够。在盒子内部，我们还必须能自由地考虑手中的选项，而不必受到过分的压力，这样才能做出深思熟虑的选择；与此同时，也不存在一个事先注定或强加于我们身上的结论。这个概念的一个重要结果就是：**我们的决定从本质上说必定是不可预测的。如果能预测，我们就没有做出自由的选择。**

于是，你可能会认为计算机不能拥有自由意志，因为它们在两个重要方面与人类不同。第一，它们的运行遵循着一定的工程原则，而人们对这些工程原则的理解十分充分，因此总是可以预测它们的行为。第二，它们考虑选项的方式与人类不同。但是，这两个方面都存有疑点。

首先，让我们来看一看"预测性"（predictability）的概念。为此，我先像大多数人那样假设：物理世界的运行遵循着一定的自然规律，而不管我们是否知道或者能否知道这些规律是什么。这并不是说万事万物都是事先被设定好的，实际上，随机性也可能是基本自然规律的一部分。但是，随机性的特点当然就是很随机，而并不是说世事会遵循某些自然规律之外的，更宏大的计划或原则。如果真存在这样的宏大计划，那它也会变成自然规律的一部分。换句话说，魔法这种东西是不存在的。此外，我还要假定，思想来自大脑，而大脑则是一个物理存在的、遵循自然规律的实体。你的思想究竟是什么，以及它究竟是如何从大脑中诞生出来的，对我们这里的讨论无关紧要，只要你同意它确实是来自大脑就行。还有一种等价的说法是：给定一个特定的思想状态，一定有一个特定的大脑状态与之相对应：**两个不相同且不相容的思想或信念，不可能诞生于两个物质能量物理状态完全相同的大脑。**我还不知道有任何可以推翻上述假定的证据，但这并不意味着这些假定一定是正确的。实际上，历史上许多关于自由意

志的争论都集中在上面这些假定上，因此，从某种意义上说，我选择的假定早已决定了我会得出什么结论。

现在请想象一下，我们将你关进了一个警察审讯犯人用的那种房间，墙上装了一面单面透视镜。透过这面镜子，一组非常聪明的未来科学家可以观察你的一切，包括你大脑中每个神经元的状态和行为。接着，我们要求你在"红色"或"蓝色"中挑选一个颜色，并大声喊出来。在你喊出之前，我们让这些科学家预测你会选择哪一种颜色。他们进行了一些测试，运行了他们的模型，并做了他们想做的一切，竟然真的证明了他们能预测你要喊出的颜色，准确率高达100%。于是他们骄傲地宣称，你没有自由意志，毕竟，不管你多努力，都无法骗过他们。

但是，你想要证明自己不是一个可预测的傀儡，因此你要求对实验进行一些改变。首先，你先决定你要选择哪一个颜色，接着，你毫不含糊地改变这个决定，选择另一个。这也不奏效，因为那些科学家当然能够预测到你想要改变心意。接着，你计上心头。你发现，如果你非常安静地坐着，就能听见科学家们讨论他们的预测。因此，下一次当他们让你选择一个颜色时，你先专心听他们预测出的结果，然后选择另一个。这个计划很成功。在几次受挫之后，他们把这个因素考虑进了模型中，让你可以在做选择之前直接获取他们的预测结果。这个新方法十分清楚和确定，但令他们惊讶的是，这个增强模型竟然失效了。不管他们怎么努力，你都可以选择另一个颜色，来证明他们预测错了。

那么，你是如何战胜他们的呢？假设在你思想的内部和外部之间有一个"盒子"，将你的思想包含在内。你就是通过扩展这个"盒子"来战胜他们的。在这个例子中，你将这些科学家们也包含入了这个盒子中。简而言之，只要盒子足够大，那么，无论在什么情况下，盒子内部的东西都无法预测盒子的行为，只有完全处于盒子外部的事物才能预测盒子的行为。当然，就目前而言，只是原则上能预测。只要你能将盒子扩大到将某个预测行为包含其中，那这个预测行为就不可能永远正确。

这个论证对人和机器同样适用。我们可以建造一台能同你做相同事情的机器。不管我们如何编写它的决策程序，也无论这个机器人的可预测性有多高，只要它能够获取某个对它的行为进行的外部预测，那么，这个预测就不可能永远正确。机器人只需要等待预测结果，然后选择相反的行为，就可以

让这个预测失效。因此，一个能力足够强的机器人并不总是可预测的，"能力足够强"的意思是指它可以获知对它行为进行的预测。

这个例子属于计算机科学家所说的"不可解问题"（undecidable problem）。不可解问题是说，找不到一个有效的算法来完全地解决它（"完全解决"的意思是说，在任何情况下都能给出正确的答案）。请注意，这和物理学中广为人知的"不确定性原理"（uncertainty principle）名字很接近，但意思完全不同。不确定性原理是说，你不可能同时知道一个粒子的精确位置和精确动量，二者的精度是负相关的。不可解问题真的存在。最有名的不可解问题莫过于艾伦·图灵提出的"停机问题"（halting problem）了。关于停机问题的描述很简单：你能否写出一个程序 A 来检查另一个程序 B 及其输入数据，以便得出程序 B 最终是否会停止运行的结论？换句话说，程序 A 能否断定程序 B 是否最终会停止运行并产生出一个解？图灵告诉我们，程序 A 不可能存在。其论证过程与上面我们所说的很类似[11]。

那么，事实是什么样的呢？事实是，这个程序确实不会犯错，它永远不会给你错误的答案，但它会永不停息地运行下去。在上面那个例子中，不管未来科学家的预测过程多么聪明，在某些情况下，它永远得不出你会选红色还是蓝色的结论。

这并不意味着你不会进行选择，只是说，他们不是总能提前知道你会选哪一个颜色。那些科学家可能会喊冤，说他们从未犯错。确实如此。但你也可以反驳说，永远不会犯错并不等于能够对你的行为进行可靠的预测。

因此，即便一个机器的行为可以被完全描述和理解，也不意味着它总是可预测的。一个计算机程序从一个给定状态转变到下一个状态的方式或许是可预测的，但令人惊讶的是，如果只是简单地将关于这些状态的知识串联起来，是得不到该程序最终将会干什么的全貌的。当然了，对你自己也同样如此，你甚至不能准确地预测自己的行为。很可能这就是为什么我们总是有一种强烈的直觉认为自己拥有自由意志吧。但这只是一个有趣的假说，而不是一个已被证明的事实。还有一个可能性是，我们对自由意志的主观感觉其实有着某些不为人知的进化目的，就像我们喜好甜食和异性相吸一样。

现在，让我们转向另一个问题：你以自己的意志做决定，这究竟是什么意思？能做决定并不意味着你拥有自由意志。比方说，你也可以通过扔硬币来做决定，这显然不是自由意志。

有些人想用"随机性"来解释自由意志。这种观点遭到了许多批评，其中最清晰简洁的一个批评来自当代思想家萨姆·哈里斯（Sam Harris）[12]。他认为，"你有能力做出有意义的、深思熟虑的、独立于外界的、不受先前事件影响的选择"
这种想法是错误的。想象两个起初完全一样的世界，直到你
用自由意志做出一个决定，然后它们就根据你的选择分化为两
个世界。在其中一个世界中，你选择了红色，而在另一个世界
中，你选择了蓝色。那么，你为什么会选择其中一个颜色，而
放弃另一个呢？在做出选择的那一刻之前，两个世界中的你的
思想是完全相同的，但你却做出了不同的选择。你可能会反
驳，你确实是靠自己做出的决定。哈里斯会问，你是基于什
么做出的决定？一定有一些东西引导了你的决定，很可能是
内部心智的审时度势；否则，你做出决定的过程就算很随机，
也完全算不上慎重。但是，如果你的决定取决于之前的思考
过程，那就意味着"红色"和"蓝色"的区别早在你做决定
之前就已经分化了。那么，让我们将时间的起点往回拨，回
到你刚开始思考这个问题的那一瞬间，而不是做出决定的那
一刹那，或许前者才是自由意志发挥作用的时刻。然而在那
个时间点，你还没有决定任何东西，实际上，你甚至还没有
考虑这个问题。于是，哈里斯总结道，我们有理由相信，将
自由意志看作一种不受先前事件决定和约束的有意选择，或
许只是一个幻觉。

现在，让我们来看看计算机是如何做决定的。相比人类，
我们很了解计算机的工作原理。它们可以不依赖随机性来做

决定。它们可以权衡证据、运用知识和专业技能，在不确定的情况下做出决定、承担风险，并根据新信息调整计划、自行观察结果、在符号处理中进行推理，或使用可被称为"直觉"的东西（例如，在不深入理解因果关系的情况下使用机器学习来决定行动）。例如，IBM 的沃森能够使用比喻和类比来解决问题。现在，我对计算机所做之事的描述蒙上了一层拟人化的色彩，但是，这并不比描述你的慎重决定更没道理，虽然你的思想最终是由大脑的某些状态来表示的。

直到最近，获取人脑中的思想都还只是一个白日梦，因此哲学家才会认为我们的大脑活动中存在一些魔幻的、神秘的，或者非物质的东西。但是，实验心理学家发现了一些令人不安的新证据，证明大脑其实在你意识到之前就已经做出了决定，就像它们不需要我们有意识地干预就能自动调节血压一样。例如，2008 年，一组研究者做了一个实验。他们让被试自由地选择是用左手还是右手去按一个按键。采用功能磁振成像（fMRI）大脑扫描仪，他们能够在被试有意识地做出决定之前预测出他们将要选择哪只手，最多能提前 10 秒做出预测 [13]。这对那个将我们自身与外部世界隔离开的"盒子"意味着什么呢？随着我们对大脑（不是思想）的工作原理了解得越来越多，我们的私人精神世界似乎在不断缩小，直至消失不见。

那么，假如自由意志不存在，你为何还要努力减肥呢？萨姆·哈里斯观察到一件有趣的事：你是否选择减肥或许毫无意义，但有一件事是肯定的，那就是假如你不尝试，就永远不会成功。因此，即便自由意志并不存在，这也不意味着你摆脱了尝试的必要性；相反，你更应该放手去搏。

总结而言，自由意志是否存在以及自由意志意味着什么，答案尚不清楚。许多睿智的人都发现，拥有选择的感觉或许只是一个幻觉。大脑作为一个物理存在的实体，遵循着物理世界的规则，因此也服从于观察和分析。与此同时，假如思想来自大脑，那么思想也应当遵循同样的自然规律，而无论这些规律是否为人所理解。在系统中引入随机性并不能绕开这个问题。虽然许多确定性的过程有时从原则上也无法预测，但同样无法让我们绕开这个问题。最后，我们没有理由相信机器在这方面与我们有所不同。这并不是说人和机器在各方面都是等价的，很显然并不是。但是，在谈及"做决定"这一点时，至少就目前来看，没有什么好的理由相信人和机器做决定的过程遵循着不同的自然或科学原理。

所以，我们只能得出以下结论：**人和机器要么都拥有自由意志，要么都没有**。至少在我们发现相反的证据之前，这就是我们的结论。请随便挑一个吧！

计算机能有意识吗

和自由意志一样，想为意识下一个令人满意的定义也非常困难。我们对脑科学了解得越多，就越觉得意识的抽象定义存有问题。一些研究者认为，意识和情绪状态与物质载体（physical embodiment）相关。还有一些研究者发现，如果阻止大脑中某些部分之间的通信，将会导致意识的消失。对植物人的研究表明，意识并不是非黑即白、非有即无的，而是处于两个极端中间的某个地方，因此，我们对外界事件的意识力和反应力是有限的。南加州大学的认知神经科学家安东尼奥·达马西奥（Antonio Damasio）提出了一个影响力很大的理论，叫作"躯体标记假说"（somatic marker hypothesis）。这个理论认为，大脑与身体之间具有广泛的联系，而这种联系就是知觉的基础[14]。威斯康辛麦迪逊大学的意识科学特聘教授朱利奥·托诺尼（Giulio Tononi）则相信，意识来源于大脑中信息的广泛整合[15]。

如果我们不能找到一个客观的方法来定义并测试人类意识而不只是简单地观察被试，那么，"人类有意识，而机器不能有"这一论断就缺乏理性基础。但是，我们同样没有理由断言机器就一定会拥有意识。目前，并没有一个可靠的方法能证实计算机和动物（还包括除我们自身以外的其他人）与我们一样会体验到意识。

这是一个严肃的问题。大多数人都同意，从道德上说，在违背其意愿的情况下伤害或杀死一个有意识的存在是错误的。但是，假如它并没有意识呢？如果我关掉了一台强烈反对自己被关掉的机器，那么，关掉它有错吗？（我在下一部分会讨论这个问题。）

然而，我的个人观点是，"意识"的概念，或者更广义一些的"主观经验"的概念，根本不适用于机器。迄今为止，我根本没有见过任何关于机器意识的证据。由于缺乏明确的指导原则，我在这个问题上已然迷踪失路。很可能，未来的机器至少能表现得好像拥有意识一样，因此我们必将面临很多艰难的选择。而我们的子孙或许会成长在一个与我们不同的环境中，那里有耐心无私和富于洞察力的机器无微不至地关心他们。他们或许会给出与我们完全不同的答案。

计算机有感觉吗

现在，你可能已经发现了一个相同的思路：很大程度上，这些问题的答案不仅取决于你是否将智力、思考和感觉这些词语看作人类（或者至少是生物体）神圣不可动摇的特性，还取决于你是否愿意将这些概念扩展到某些人造物体上。

从这个角度看，我们的语言对我们十分不利。人工智能带来的挑战是如何描述和理解人类过去从未体验过的一个现象，能够感知、推理和做出复杂行为的计算设备。这些词语看似准确地描述了计算机领域的新进展，但它们原本却是用来描述人类独有的特性。老实说，上一次我们面临这种关于"人类在宇宙中的位置"的严肃挑战还是几百年前。那一次，进化论提出人类是从低级生物进化而来。尽管进化论在某些方面差强人意，但今天很多人（虽然不是所有人）都已经接受了达尔文等提出的观点，那就是，人类并不是诞生于某个有意造物突然的神性行为，而是起源于自然选择的过程。

好吧，我们都是动物，那又怎么样呢？这个看似简单的种类转变造成的影响其实远超你的想象。它点燃了一场旷日持久、至今未结的激烈争论，而人工智能的出现简直就是火上浇油，在这场论战中又开辟了一片新的交战前线。争论的中心问题是，我们对其他生物有着什么样的道德义务（如果有的话）？突然间，它们变成了我们的远方亲戚，而不只是被放到地球上供我们消耗和使用的资源。根本问题在于，其他动物是否也会感受到疼痛，以及人类是否有权将疼痛加诸于前者身上。

想知道动物能否感觉到疼痛，一个符合逻辑的做法是先看看动物和人类有哪些相同点与不同点。有许多研究动物痛觉生理表现的科学文献主要聚焦在它们的反应与我们相不相似[16]。正如你料想的那样，动物与人类的亲缘关系越近，它们的反应就和我们越一致。虽然我们这方面的知识正在与日俱增，但毋庸置疑的是，没有人能百分之百地肯定动物一定能感受到疼痛。动物权利的支持者例如彼得·辛格（Peter Singer）指出，你甚至无法百分之百地肯定除你之外的其他人也能感觉到疼痛，但大多数人（除了一些心理变态者和唯我论者之外）都相信其他人也能感受到疼痛。用辛格的话说："我们……知道其他动物的神经系统并不像机器人那样是人造出来，模拟人类疼痛行为的。人类神经系统的进化过程与动物一样。并且，实际上，人类和其他动物，特别是其他哺乳类动物的进化是在神经系统的主要部分出现之后才分化的。"[17]

许多动物权利保护者对这个问题的态度是"宁求稳妥，以免后悔"。想象一下，假如我们认为动物能感觉到疼痛，那我们对待动物的方式会产生什么后果？假如我们认为它们感觉不到疼痛，又会产生什么不一样的后果？前一种情况，我们最多可能只会给自己带来一点不必要的不便和成本。而后一种情况，我们则可能会给它们造成极端而持久的痛苦。该论证的假定是，动物与我们越相似，我们对它们采取的行为中的道德责任就越大。

现在，让我们把这个逻辑运用到机器上。要建造一台能在被掐时表现出退缩、哭喊，还会说"哎哟，好疼"的机器人是比较容易的。但正如彼得·辛格所指出的那样，这是否意味着它真的能感受到疼痛呢？由于我们不仅能看到这台机器的外部反应，还了解它的内部结构，因此我们知道，答案是否定的，它不能感受到疼痛。虽然它表现出好像很疼的样子，但这是我们设计的程序，而不是因为它真的感受到了疼痛。在第 8 章，我会讨论将人造物拟人化的好处和坏处。虽然有些人会与自己的财产产生一些不太合适的情感联系，例如爱上了自己的车，但大多数人都认同这只不过是一种哺育本能的错误投射。人类建造的工具，就只是工具，仅此而已，它们的作用只是以人类认为适当的方式来改善人类的生活。无论这种工具是简单和死板的（例如锤子），还是复杂和活跃的（例如空调），都无关紧要，它们都缺少生命的宽度，不值得纳入道德考量。从这个角度看，计算机和这些工具并没有什么不同。由于计算机与人类之间存在的差异太大（至少现在来看是这样），并且它们只是为了某些特定的用途而设计出来的（而不是自然发生的），所以，说"它们没有真正的感觉，并且永远不会产生真正的感觉"似乎是符合逻辑的。

现在，请允许我用相反的论点来说服你。想象一下，有个人的妻子生了一个可爱的女儿，这是他们唯一的孩子。不幸的是，在她刚满 5 岁的时候，就得了一种罕见的神经退行性疾病，导致她的脑细胞逐渐死亡。不幸中的万幸，那时候的神经修复术已经非常发达，于是医生建议用一个新疗法：每隔几个月，带她去医生那里做一次脑扫描，并将此期间丧失功能的神经元细胞替换为人造神经元细胞。这些了不起的植入物混合了微型电路和电线，由人体的热量来供电，并能精确地模拟自然神经元的活动。它们通过一种精巧的免疫系统模拟技术，由静脉注射入体内，然后附着在垂死的神经元上，接着，在原来的位置上将垂死的神经元消融掉并取而代之。结果非常惊人，这个女孩正常地生长发育，经历了每个正常儿童需要经历的磨炼与欢愉。

那时候，这种治疗方案已经和牙科检查一样常规。多年的门诊治疗后，医生告知小女孩的父母她不需要再继续接受治疗了。这是否意味着她已经痊愈了？答案可能和你想的有点不同，医生若无其事地说，她的脑细胞已经100%被人工神经元所替代了。她是一个功能完全、生机勃勃、充满激情的青少年，只不过拥有一个人工大脑。

小女孩的人生像每个正常青年那样继续前行。直到有一天，年轻的她参加了一个挖掘新兴作曲家的音乐作曲大赛。在得知她的病情后，其他参赛选手向大赛组委会请愿，希望禁止她参赛，因为她违反了一项比赛规则：所有参赛作品必须由人类完成，不能有任何计算机等人工辅助物的帮助。在一个极短的听证会之后，她被推荐到大赛的另一个项目，计算机作曲比赛。看到小女孩如此失落，她的父母打心眼里感到痛苦。她哭着问，她和那个因滑雪事故而进行了人工肘关节替换术的小提琴手，以及那个进行了角膜移植近视手术的姑娘有什么区别呢？

无论你同不同意裁判的决定，你脑中那个不受家庭情感影响的部分清醒地认识到，你必须承认裁判的决定有一定的道理——小女孩的大脑是一个人造的计算设备，即便从各个方面来看，她都可以做出正常的人类行为。你或多或少有点不情愿地同意，她只是一个聪明的人造物，无法拥有真正的感觉，不值得进行道德考量或拥有人权。

这个故事意味着什么呢？一方面，直觉让我们相信无论机器多么精妙复杂，它们都不值得道德关怀。另一方面，我们又无法轻易地断定某些东西不属于生命，只因它们的组成材料与我们自身的不一样。我个人认为，这个问题只不过是一种选择，我们选择将共情的范围扩展到什么人或者什么东西。当然，不是所有人都赞同我的观点。之所以我们相信其他人和动物拥有感觉，之所以比起陌生人来我们更爱自己的亲戚，只是因为大自然想将我们指引向它想要的方向，这是一场不以逻辑和说服力，而是以直觉和冲动取胜的论战。虽然今天我们有理由为自己创造出来的计算机而感到骄傲，但是很难想象我们为什么要关心它们的福祉和成就多过它们为我们带

来的好处。但大自然总是习惯于暗中达成目的。机器有感觉吗？谁在乎呢？最重要的问题是，无论我们是否推波助澜，那正在孕育、高度精巧、适应环境并能自我复制的机器是否会在未来占领我们的地球？与过去的许多物种一样，我们也可能会成为某种超出我们理解范围的物种的垫脚石。

ARTIFICIAL

INTELLIGENCE

05

人工智能，以法律与伦理为界

人工智能将极大地冲击人类活动的方方面面，并对许多领域、职业和市场产生重大的影响。任何想对上述影响进行归类的尝试都必定是不完整的，并且会很快过时，因此，我只想集中讨论其中一个方面，作为例证，那就是人工智能对法律的本质、实践和应用等方面可能产生的影响。在本章，我会讨论人工智能将如何改变法律执业、立法和执法的方式，以及为何人工智能的出现将迫使目前的法律概念和原则进行一些修改和扩展。但请记住，类似的分析也可以用于其他许多领域和活动，从探矿到板块构造研究、从会计学到数学、从交通管理到天体力学、从新闻发布到诗歌。

人工智能将重塑法律执业

若想理解人工智能可能会如何影响法律执业，最好先了解一下现在的法律行业是如何执业的，至少要了解一下美国的现状。美国律师协会（American Bar Association, 简称 ABA）是一个影响力巨大的行业协会，由来自全美的 75 位著名律师于 1878 年成立，现在的会员数量超过 40 万人 [1]。光是 2014 年，就有大约 130 万位律师获得了在美国执业的证书，其中 75% 供职于私营律所 [2]。ABA 在提高法律行业的道德和执业标准方面做出了很多令人称道的努力，但它的主要任务却是提升律师的权益（ABA 的第一目标："为我们的会员服务"）[3]。与几乎所有行业协会一样，ABA 和一些州立或地方性的协会一起影响了许多事情（如果算不上控制的话），例如谁有资格执业、律师应该如何推销自己的服务以及收费标准等。通过向法学院颁发认证，它扮演着法律领域看门人的角色，因为美国大多数州都要求未来的律师在参加律师资格考试和获得执业资格证之前必须在法学院修读一个法律学位。为了维持这种制度，ABA 在大多数司法辖区都提出将未经授权的法律执业行为视为犯罪行为，而不仅仅是民事违法行为。美国第七上诉法院的理查德·波斯纳（Richard Posner）法官曾将法律行业描述为一个"提供社会法律相关服务的卡特尔式垄断组织"[4]。

从本质上说，社会与法律行业达成了一个协议：社会允许法律行业以一种垄断式的方式运营，保持稳定的价格，以此换来他们向那些请不起律师的人提供免费法律援助的回报，主要通过公共和私营法律援助服务网络来完成。问题是，法律行业并没有很好地兑现自己的承诺。2009 年的一项研究表明，一位援助律师需要服务 6 415 名低收入者，而私营律所中的一位律师只需服务 429 名非贫困人口 [5]。还有一些研究表明，30% 的低收入美国公民仅接受了少许或者根本没有接受任何法律援助，更有甚者，非贫困公民大部分时候也因为支付不起律师费而放弃合法追索法律补偿的机会 [6]。在我的经验中，雇用律师的价格实在太贵了，即便你付钱请了律师，也很难对他进行管理。

过去几十年里（如果不说几百年的话），法律行业应用的科技取得了巨大的进步。但直到比较近期的年代，人们才有能力收集分布广泛的法律规范和司法裁决以便作为先例参考。据佛蒙特法学院教授奥利弗·古迪纳夫（Oliver Goodenough）考证，亚伯拉罕·林肯（Abraham Lincoln）的法律执业很大程度上受限于他的马匹能驮运的书的数量；并且，那个年代的法庭辩论通常只是背诵"对母鹅好的东西对公鹅也好"这样的谚语 [7]。而今天，律师们不仅可以实时获取几乎所有判例法，他们的工作还得到了种类繁多的信息系统的支持，这些系统能帮助他们起草合同和简报等各种各样的法律文件。

但是，这些旨在简化和减少法律行业运营成本的工具却遇到了一个简单的问题：按时间收费的人并不喜欢节省时间的东西。律师不愿意使用那些能够让他们工作变快的技术，除非他们只收取胜诉费或一笔固定费用。也就是说，阻碍人们以更便宜的价格获取法律服务的主要障碍正是法律行业的经济结构。正因如此，许多律师才会拒绝使用任何能帮助人们自我帮助的技术，无论这项技术有多么高效。而创造这种技术，正是人工智能前进的方向。

电视剧中，律师总是在法官和陪审团面前代表客户慷慨陈词，但在真实世界中却很少有人每天走进法庭内部做事。一个平淡无奇的事实是，大部分法律活动都是直接了当的事务，而不是辩论，例如，起草合同、办理离婚、买房（许多环节都需要律师在场）、申请专利、移民身份变更、成立公司、宣告破产、写遗嘱或遗产规划、注册商标等。律师提供的日常服务中有很大一部分都是例行公事，而这些例行公事如果交由一个相当简单的人工智能系统来做，能做得和普通律师一样好，甚至更好[8]。至少，这种自动化系统可以处理大量工作，只将少量例外情况和复杂的案例留给人类来审阅。无论是不是基于人工智能系统，自动化都会带来一个影响，那就是：上法学院的理由和律师的起薪都在下降，引发了行业危机[9]。和某些其他行业如旅游行程规划业一样，法律行业过去的商业模式也主要是以信息不对称和相对重复的技能为基础，因此，律师们也和旅游业一样在经历"DIY"趋势带来的压力。据估计，在接下来的 10 年里，整个社会的就业率将增长 11%，但旅游行业的就业率将下降 12%[10]。

过去，帮助客户处理法律事务的一个最常用的方法就是让他们填写表格。作为一项日常工作，这种方法被视为是合法的。即便如此，它还是遭到了不止一个律师协会的质疑[11]。从纸质表格很容易过渡到互联网上的电子表格。但麻烦就从这里开始了。如果你向客户提供表格，那何不帮助他们填表呢？其中一些空格是依情况而定的，基于其他空格中所填的内容，那何不用软件来跳过那些不需要填的空格呢？例如，假如你没有小孩，就不需要在离婚表格上填写关于子女赡养的内容。这可以用所谓的"决策树"（decision trees）方法来完成。然而，即便是这种能明显提高效率的方法也遭到了法律行业的强烈抵制。虽然用软件程序来提供表格是广为接受的事情，但是人们却不太接受用它们来做"文件准备"（document preparation）。LegalZoom 就是一家向消费者提供在线文件准备服务的龙头企业。它身负数不清的官司，正因为许多人认为它的服务是未经授权行使律师职能，属于非法执业[12]。还有一些在线法律服务提供商则藏在遮羞布下面，声称自己提供的只是"转介服务"（referral services），这种服务是允许的，但受到严格监管[13]。从事遗产规划的 FairDocument 公司就是其中一个例子。这家公司将自己描述为一家律师转介服务商。首先，它用复

杂的算法与你交谈，了解你的期望和需求。接着，这家公司
将一份草稿文件提供给一位独立律师。然后，这位独立律师
再审阅和完成全部工作——通常不会做太大改动，有时甚至
一点改动都不做。然后，你付费给这位律师，通常比一般的
地产律师便宜得多，而 FairDocument 会得到其中一部分[14]。

由于存在这些阻力，许多科技公司都将他们的法律自动化
产品聚焦在外围问题上，例如，解决纠纷以避免其上升到法
律诉讼或审判的程度。长期以来，法庭和诉讼当事人都鼓励使
用准司法审前决议讨论会的形式来减少工作量（常称为替代
性纠纷解决方案）。如果争议可以私下解决，对所有人都有好
处。现在，这种方法需要使用专业的谈判人、调停人和仲裁
人，他们的工作从本质上说就像私人法官一样。然而，新技
术的角色逐渐从简单的促进各方交流转向积极参与到解决过程
中[15]。这种系统采用了博弈论，通过分析成功案例和谈判策
略来解决问题。它们使用的方法在当事人看来十分客观公正，
让他们更愿意接受庭外和解。

今天，大多数演示系统都还只存在于研究原型的阶段，但
也出现了一些像 Cognicor 和 Modria 这样的新公司将这类技术
应用到一些低额纠纷上，例如客户投诉和网店买卖双方之间
的争议等[16]。Modria 公司声称它能在没有人工客服参与的情
况下为客户解决多达 90% 的索赔问题。它的软件能收集和分

析每个纠纷的相关信息，甚至能将该顾客的购买历史及其与相关各方的商业关系等信息整合进去，然后运用一组指导原则，例如退款、退货、换货、退单等政策，来提出和执行一个双方都能接受的解决方案。

人工智能与律师并非水火不容

律师也不是完全对科技敬而远之，他们有自己钟情的技术。对这些受宠的技术来说，情况就大不一样了。其中一个新兴的领域叫作电子资料档案查询（e-discovery）。在诉讼的过程中，原告和被告都有权查阅对方的相关文件，以寻找与案件有关的证据，这个过程叫作证据开示。问题是，撰写这种文件可能需要耗费巨大的精力。直到最近，证据开示文件的审阅都是由律师或经过训练的专门人员（例如律师助理）来完成的。许多刚毕业的法学院毕业生都会被这种任务吓到，因为他们需要没完没了地阅读大量文件。这个任务被视为一种进入法律行业必经的可怕仪式，就像医学生需要经历筋疲力尽的实习才能进入医生行列一样。由于电子文档维护起来十分容易（确实如此，你甚至很难将它们完全删除），加上今天许多商业活动都是通过电子形式完成的，所以证据开示所需要的文件量可能会非常大。例如，在一个反垄断案件中，微软公司出示的文件多达 2 500 万页。每一页文件都必须仔细审阅，不止是为了寻找与案件相关的信息，还为了找出其中受所谓保护令（protective order）限制的机密信息，这些信息即便是客户自己也不允许阅读[17]。这么庞大的任务量如何能在可行的时间内以合理的成本（也就是客户能忍受的范围内）完成？在这方面，人工智能可谓律师的救星。

一种被称为"预测编码"（predictive coding）的技术可以让计算机快速完成这种单调乏味的任务，其准确度远远超过人类。首先，先由人类律师审阅一组通过统计学方法挑选出来代表整个文件集合特征的样本文件。接着，用一个机器学习程序来识别出与人类的表现尽可能接近的审阅标准。这些标准可能包罗万象，有简单的短语匹配，也有对文本、语境和参与者进行的极其复杂的语义分析。然后，将这个训练好的程序运用在余下条目中的一个子集上，生成一组新文件，再让人类律师对这组新文件进行审阅。这个过程会一直重复下去，直到该程序挑选出的文件与案件的相关度达到足够高的水平为止。这个技术十分类似垃圾邮件过滤器，通过用户给邮件标记的"垃圾"标签来自我调整。电子证据开示已经在法律服务业形成了一个微型产业。实际上，微软最近就收购了该领域内的领头企业 Equivio 公司[18]。

这只是人工智能帮助律师的一个例子，但这大概是商业化程度最高的应用了。还有一些应用想用人工智能来预测诉讼结果。例如，最近有研究者用机器学习技术来预测美国最高法院的判决结果。它采用了过去的案件数据，能够预测法官的决定，准确率超过70%。它的方法是从一个数据库来分析每个法官的投票行为，这个数据库包含了68 000个法官投票结果[19]。这些信息对律师的案件准备和客户咨询等工作非常重要。

计算法律学

到目前为止，我已经讨论了人工智能对律师和法律执业的作用，但是，它最重大的影响或许是对法律本身，关于法律应该如何表达、传播、管理和修订。理想的法律应是客观、易于理解、容易被运用于各种情况的。为了实现这个目的，人们在起草法律法规时总是希望做到尽可能准确。但事实是，自然语言总是不太精确。在许多情况下，用形式语言来表达可能会更好，例如，有点类似计算机语言的东西。需要注意的是，这种需求不只可以被应用在法律的范畴，还可以被应用于任何使用规则、规定，或只是简单业务流程的情况。

采用更形式化的方式来表达流程、要求和限制有许多好处。它不只是清晰和准确而已，还意味着对规则的解释和应用都能变得更加自动化。例如，让我们来看看美国的税收法规。幸运的是，美国并不强制要求你必须请律师来帮你筹划税务。许多计算机程序都可以辅助你填写纳税表格和计算你拥有的财产。目前，美国市场上领先的纳税软件叫作 TurboTax，它属于一家名为 Intuit 的公司。你可能会认为，Intuit 公司一定是自动化的倡导者。是的，它确实是——除了政府推行的自动化以外，政府推行的自动化是该公司的游说活动强烈反对的事情[20]。尽管有这些私营企业，加州政府还是发布了一个叫作 CalFile（过去叫 ReadyReturn）的项目。有了它，你就可以用州政府提供的在线表格自动计算和缴纳你的税金[21]。部分原因是为了避免出现联邦政府层面的类似政策，该行业与美国国家税务局一起成立了一个联盟免费报税联盟（Free File Alliance），来向收入最低的 70% 的纳税人提供免费的电子税务筹划服务[22]。（这对服务提供商来说有一个好处，那就是有望增加附加软件和服务的销售。）一些地区（主要是在欧洲）更进了一步，他们向居民提供暂缴申报单，上面已经预先填好了第三方上报的信息。你需要做的事情就是检查、确认和缴纳相应的税款[23]。需要注意的是，国家税务局已经拥有这些信息，并会用这些信息来审核你的申报单。因此从原则上说，获取这些信息是十分简单的。目前，美国超过 90% 的个人纳税申报单是通过电子形式填写的[24]。不过，这并不代表着表格是自动填写和自动计算的。

除文字之外还用可计算形式来表述税务相关的法律法规

具有明显的优势。但还有很多法律、规范和程序并不像税法那样只是简单的计算，它们同样也能从形式化的表述中获益。用这种形式来表述法律也让人们能对法律本身进行形式化的研究（例如，使其变得更完整和更一致），也更容易进行推理、解释和应用 [25]。其中一个可能的应用被俗称为"后座交警"（cop in the backseat），研究的就是如何在你的车上自动传输和展示（或执行）实时交通法规。例如，未来的无人驾驶汽车应当自动遵守车速限制，不过，这些车速信息从何而来呢？如果它是来自于你下载的第三方电子地图，那你需要定期升级软件，保证地图的时效性。但如果它是在汽车行驶过程中实时查询和传输到车上的，那它就总能与时俱进。

一旦这种系统问世，不仅能让守法变得更容易，还让法律本身变得更具有响应性和灵活性。比方说，一个新手司机可能拿到了一张限制性的驾照。交通执法机关规定，持这种驾照的司机只能在某些街道或某些时间段内开车，而这些规定可能是动态变化的。例如，在车少、路况好、天气晴朗干燥的情况下，一个 16 岁的青少年或许可以被允许单独开夜车，但某些节假日比如元旦前夜除外。

计算法律学现在还处在初级阶段，但随着它的发展，法律的起草、颁布、传播和实施都将发生巨大的变化。"可计算合同"（computable contracts）就是其中一个很好的机遇，目前美国财政部金融研究办公室正在研究这个领域。其基本思想就是将相对直接的协议（例如贷款和租约）表述为可用形式化分析和纠纷调解来处理的逻辑形式[26]。

目前，我已经讨论了人工智能对法律职业和法律本身的影响，但人工智能系统也需要我们用一些出人意料的方式对现行法律进行规范和重新解释。

计算机程序能否参与协议和合同签订

计算机程序能否参与协议和合同签订呢？答案是：能，而且已经在这么做了。每当你在网络上买东西时，并没有一个真人在决定要不要和你签订购买合约，但合约还是达成了。在本书写作之时，除华盛顿州、伊利诺伊州和纽约州之外，美国所有州都在使用《统一电子交易法》（Uniform Electronic Transactions Act，简称 UETA）来确认那些经过当事人授权并通过电子方式形成的合同[27]。同样地，计算机程序被用于股票交易、核实信用卡消费、发放贷款等各个方面。

目前，它们"代表"着那些不便亲自参与事务的当事人，比如公司或个人，来完成这些事情，但是，随着计算机智能体（intelligent agent）的自动化程度变得越来越高，也随着它们参与的活动与其代表的人越来越脱节，事情可能会发生很

大的变化。改变会从两个相反的方向进行。随着它们的能力变得越来越强，我们可能会在法律上限制它们代表自然人时所能参与的事务种类。但在某些其他情况下，我们可能会允许它们代表自己签订合同，而不一定需要有自然人作为法人实体。

智能体的意愿与行为

在许多情况下，法律或规则都不言而喻地假定你或代表你的人类主体是唯一的潜在行动者。这样做通常是为了保证每个人拥有相同的机会获取某些稀缺的资源，或者至少需要付出同样的代价才能获取这些稀缺资源。排队的概念就是基于这个假设。然而，智能系统可能会违背这个假定。例如，许多市售的机动车都有自动泊车的功能[28]。我居住的城市在许多地方都允许免费停车两小时。超过两小时，你就必须挪车。为什么？这是为了保证这个免费资源的分配是公平的，并且每个人只能使用一段时间，比如在购物或吃饭的时候，而不是为那些在附近上班的人停一整天用。这个时间限制旨在让你付出成本，如果你想要多停一会儿，那你就必须每两小时开着你的车重新找一个停车位。那么，如果我们允许一辆无人驾驶汽车每两小时就自动重新泊车，这样做公平吗？这虽然还不至于违法，但看起来似乎违背了这种规则的意图。还有一个不那么常见但十分恼人的例子是使用所谓的机器人在线购买某些稀缺资源，例如演唱会门票[29]。一些地方政府在消费者的抗议下禁止了这种行为，不过收效甚微[30]。

然而，人们很快就会对人工智能系统作为行为主体的现象进行限制，但应该使用什么基本原则却依然不清楚。

> 请想象下面这个情形：在不太遥远的未来，有一个名为比尔·史密斯（Bill Smith）的人。他热衷于去世界各地探险，还是一位政治活动家和人工智能专家。他注册了通过电子形式投票的权利。（在加拿大和爱沙尼亚的某些地区，人们允许通过互联网投票。亚利桑那州允许市民在预选中投电子票，但在终选中不能使用这种方式[31]。）不巧的是，比尔计划在选举期间进行一场徒步旅行。他十分了解本次选举的议题和候选人，并已有自己青睐的候选人。他曾考虑将自己的缺席选票交给一个朋友，请他帮忙邮寄，但最终还是决定自己编写一个简单的程序来帮他在线投票，他觉得这样可能更方便可靠一些。他将自己想选的候选人写入程序，并安排程序在选举日当天自动运行。等到他旅行回来，他发现一切都在按部就班地如愿进行。

第二年，他计划去澳大利亚内陆地区远足，将有约6个月的时间无法与外界联系。有了上一年的经验，他决定再写一个程序，在新一轮选举中帮忙自动投票。问题是，候选人名单还没有最终定下来。于是，他列出了一个他希望参选的候选人名单并进行了排序。但是，由于不保证这些人一定能在初选中胜出，他想出了一个后备计划，他开发了一个新型专家系统，能够在最终候选名单出来以后识别出这些人的身份，扫描他们在各自的网站中陈述的政策和观点，并挑选出那些与自己的政治立场最接近的人。在选举日当天，这个程序将会登录比尔的电子账户，并以他的名义投票。

比尔为这个成果感到很骄傲，于是写了一篇论文发表在《人工智能》杂志上[32]。不幸的是，这篇文章引起了一些科技恐慌主义者的注意。这些人提起了诉讼，想要禁止在选举中使用这种方法，并请求将比尔的选票作废。在法庭上，他们辩称法律要求选民亲自投票，无论是去现场投票，还是通过邮件或电子形式投票。比尔反驳说，并没有法律限制选民要如何做出决定，只要他不卖掉自己的选票就行[33]。他可以扔硬币决定，也可以让自己10岁的小外甥来帮他决定，甚至可以通过候选人的头发长度来决定。相比之下，他用自己开发的智能体来决定选票的投向显然是合情合理的。试想一下，假设他在选举日当天手动运行这个程序，那么，他按下"运行"按钮的那一刻是在当天还是在之前的某一天，真的有很大区别吗？他指出，许多养老院员工也会帮助虚弱的老年居民填写选票和投票。法庭的意见偏向于比尔，因此创造出了一个新的判例法，保障人们不仅有权利用电子形式来投票，还有权利用电子方法来帮助自己做出要选谁的决定。

比尔的下一场探险更加雄心勃勃：他将要去南极洲，孤身一人完成南极点穿越。他不太确定这次探险要花多少时间，因此，他让自己的投票软件在可预见的未来一直运行着，只要他还在缴税，就不要停下来。三年过去了，依旧没有比尔的踪影。他的朋友们开始担心了，毕竟这是一场极其危险的冒险。第 4 年也过去了。接着，第 5 年过去了……一直到 7 年后，他们认为比尔已经失踪，于是为他举行了一场追悼会。美国法律规定，除了某些例外情况之外，如果一个人失踪了 7 年，就可以在法律上宣告此人死亡，他因此也会丧失投票权[34]。但这个宣告程序不是自动启动的，必须有人在法律上提出请求，才能将该失踪人口宣告死亡。在比尔的案例中，为了替他保留一种电子形式的纪念，比尔的朋友们决定不宣告他死亡，而是将他的投票程序移到云端，并建立了一个信托账户来支付云端的年费。

因此，比尔的投票程序以他的名义继续运行了几年。直到有一天，当地一个政客发现了这件奇怪的事情，于是推出了一项法规。这项法规要求，不管投票决定和投票行为是如何做出来的，人们都必须亲自审阅和批准所有选举决定。换句话说，这项新法规规定，如果你不能亲自检查和确认软件的决定，那么使用计算机来代表你投票就是违法的。这是法律对智能机器能做的事和不能做的事所做出的最早规范之一，但这些行为如果完全由你自己来做就是合法的。

当然了，这只是一个故事，但这说明了为什么以你名义行事的智能体在未来可能会受到合理的限制，也说明了为什么这些限制可能会针对某些特定的目的和需求而专门设定与实施。

谁该对人工智能系统负全责

允许机器人助理以你的名义参与一些简单的事务，例如预订晚餐座位、更新处方或预订旅行，会带来一些风险和成本。你或许会觉得这些风险和成本比起随之而来的便利来说不算什么，但在某些情况下，如果要让你对它们的行为负全责，你可能会非常不高兴。例如，假如你的机器人不小心把一个人推到了一辆行驶的公交车前方，或者它不小心在蒂芙尼专卖店打碎了一个昂贵的花瓶，或者将桌上的"樱桃盛宴"（cherries jubilee flambé）误认为是发生了火灾而拉响的火警[①]，会产生什么后果呢？你会认为自己要为这些行为负责，就好像这些事情都是你做的一样吗？另一个问题是，假如你不负责任，那谁来负责任呢？你可能会突然开始支持那些号召制定法律来责罚自动化系统而放过它们主人的观点。为了理解这种可能性，我们最好先意识到我们已经有一些能为自己行为负责的非自然实体，那就是公司。确实如此，法律将公司看作实体，并赋予它们相当多的权利和责任。

公司是拥有目标的法人。它们最明显的目标就是产生利润。但这不是全部，它们提供了一种责任有限、分担成本和共享利益的机制，还能作为一种能让一群人通力合作的媒介，更不用说它们还满足了消费者和整个社会的一般需求。公司能够参与合同和拥有资产，近期（在美国）还拥有了言论自由的权利。除了权利之外，公司也负有责任，包括注册、申请执照、报税和缴税，并遵守所有相关的法律法规。

---

① "樱桃盛宴"是一种甜品，用樱桃和力娇酒做成，然后用火点燃煎烤。——译者注

公司的概念至少可以追溯到拜占庭帝国皇帝查士丁尼一世（Justinian）在公元 5 世纪制定的规定。他注意到了多种多样的公司实体，包括行会（universitas）、团体（corpus）和学院（collegium）[35]。由于很多原因，公司在法律中是属于"人"这个类别的。确实如此，"公司"这个词的英文单词"corporation"正来自拉丁文中的"corpus"，意思是身体。

公司法或许可以作为将权利和责任延伸到智能机器上的一个合理模型。确实，你完全可以制造一台智能机器然后成立一家公司来拥有它。但是，你为什么要这么做呢？首先，是为了限制你对它的行为所负有的责任。这就是为什么许多专业人士（例如医生和律师）会成立有限责任公司的原因，目的就是在出现法律纠纷时将私人资产和职业活动区分开[36]。想一想，假如你拥有一队无人驾驶出租车，你就能理解这种区分个人财产和商业活动的动机有多强。如果你或你的家人开出租车时发生了事故，你可能会感觉到一种个人层面上的责任，或至少是个人层面上的控制。但是，如果它们是无人驾驶汽车，自个儿在街上跑来跑去地拉客，你可能会更担心：已经晚上 10 点了，你是否知道你的出租车跑哪儿去了？要是它拉了一个戴着滑雪面具的持枪歹徒，要求它把自己载到最近的银行并在外面等着别熄火，怎么办？这会不会让你成为抢劫犯的同伙？那它呢？为什么要因为某个不知名的人工智能工程师犯下的编程错误而让你承担破产的风险？

在这个案例中，你的无人驾驶出租车以另一个合法实体的名义参与了商业事务，这个实体就是它所属的公司。但是，假设我们不为其设置公司，而是允许无人驾驶汽车自身拥有权利和责任，这是否合理呢？要允许它拥有权利和责任，关键在于要提供一个合法的赔偿源。在大多数情况下，这意味着需要一个资金池，好向潜在的受损方提供赔偿。

让人工智能拥有财产

正如我们之前讨论的那样，公司的一大功能就是限制股东的责任。那么，在面对法定求偿的情况时，使用的就是公司的资产而非个人资产。这些资产的形式多种多样，可以是现金、存货、不动产、贷款等。但是，除非我们允许人工智能拥有资产，那它们拥有的财产只能是它们的系统本身。虽然系统本身可能也很有价值，例如，它或许包含着独特的专业技能或数据，又或者，如果是机器人系统的话，它的物理硬件和完成某些任务的能力也很有价值，但这对那些只想要现金补偿的受害者来说无济于事。最明显的解决办法就是允许人工智能拥有资产，就像出租车公司的出租车一样。出租车除了汽车本身之外，还会在一个银行账户中累积它的收入，以及一种以"勋章"（medallion，一种运营许可）形式存在的权利。

然而，允许人工智能拥有独立的资产可能会为人类带来很大的危险。与依赖人类来做事的公司不同，人工智能从本质上来说能够在无人的情况下自行采取行动。它们能够执行商业策略、进行投资、开发新产品和新流程、为发明创造申请专利，最重要的是，它们可以拥有财产。尤其值得一提的是，这些财产也包括其他人工智能。

你可能会认为这些都无关紧要，因为"在上面"某个地方一定有一个人类在拥有和控制着它们。但这只是一个认为人类至高无上的痴心妄想。只要这些实体拥有财产权，那它们就可以通过许多方式变得完全独立自主，甚至可以在法律上完全拥有自己。这在历史上是有先例的。想一想，在美国内战爆发之前，许多在法律上属于他人财产的奴隶能通过赎身来获得自由之身。还有一些奴隶，因主人的临终慷慨而成为自由人。在公司中，一些员工通过管理层收购买下整个公司也是很常见的事情。许多以公司为豪的创始人为了避免子女干预公司管理，会将公司放入信托中管理，作为自己遗产筹划的一部分。在人工智能里的对应概念是，一个通过自己的努力变得很富有的智能系统可能会向它的拥有者及其后代提出购买邀约，并通过某种形式的贷款来完成赎身交易。又或者，它也可以保证提供一定数量的收入来换取自己的全部权利。这种独立的人工智能可以在竞争中战胜人类对手，赢得只属于它自已的利润。这让人们开始担心，会不会出现"人类为机器人工作"这种令人不安的情形。这种人工智能究竟会和人类共生，还是会侵蚀人类社会？这个问题留待人们之后继续讨论，我们在这里先不讨论它。

这并不是说机器不能被赋予权利（包括拥有财产的权利）；而是说，**这些权利应当受到限制，并且应当同时承担责任，例如必须通过某些能力测试才能获得运营执照**。公司拥有权利（例如受约束的言论自由权利），但它们也同时承担了责任（例如保护环境）。比方说，如果一个计算机程序通过了律师资格证考试，它就有权起草合同。从这个方面讲，让足够强大的人工智能像公司一样在法律允许的范围内成为一个有限的"人"，或许是一个可行的方法。

人工智能可能成为天生的精神变态狂

人工智能会犯罪吗？是的，它会犯罪。目前，这方面的讨论主要集中在所谓的侵权行为上。侵权行为是指侵害人身或财产的行为。被害人可以向民事法庭提起诉讼，要求赔偿。但是，我们的社会中还有一类行为叫作犯罪，也就是道德上被禁止或者危害社会秩序和公共利益的行为。例如，在加州利福尼亚，吃猫和狗的肉的行为被视为犯罪，而吃鸡肉和鱼肉则不会，虽说这 4 种都是常见的宠物[37]。将车开到没有路的地方，导致环境破害也是一种犯罪行为[38]。很显然，无人驾驶汽车当然可能破害环境，即便是不小心而为之，也应当视为犯罪。请注意，有些行为既是侵权，又是犯罪，例如开枪袭击他人。

某些犯罪，例如谋杀，不是过失杀人，被视为更加严重的行为，因为它们违背了伦理道德。换言之，行为人理应知道自己的行为从道德上说是错误的。法律假定，从事犯罪行为的人拥有所谓的"道德行为体"（moral agency）。拥有道德行为体需要具备两个条件：首先，行为人有能力理解自身行为的后果；其次，他们能够对行为做出选择。令人惊讶的是，道德行为体并不是只有人类才有的特征。

许多人不知道，犯罪行为可以只单独追究公司的责任，而与公司的管理者、雇员、股东无关。例如，石油公司雪佛龙（Chevron）就有一长列的犯罪前科，主要是故意污染环境，但它的员工却很少因这些行为被单独起诉[39]。在一些案件中，公司自身被视为拥有道德行为体，因为它有能力理解自己行为的后果，并且拥有选择行为的权利，即它能选择犯罪还是不犯罪。不过这种观点目前尚有争议[40]。

那么，计算机程序能不能成为一个具有道德行为体的主体呢？能，因为它满足定义。你完全能写出一个知道自己在做什么、了解某些行为不合法（或者不道德）和能够选择自身行为的计算机程序。一个道德行为体并不一定要"感觉"到对错，它只需要知道对和错的区别就行。例如，一个喜欢杀人的精神变态者不用感觉到杀人是不对的，也不用在杀人后感受到懊恼与同情才需要对自己的行为负责。实际上，他们甚至可能不同意法律对谋杀的禁止，他们只需要知道社会认为杀人是错误的就行。假如编程出现错误，机器就可能成为天生的精神变态狂，但是它们不一定非要这么做。为机器编程以便让它尊重伦理道德、区分对错和做出道德决定是完全可能的。实际上，这个领域叫作"计算伦理"（computational ethics），其目的正是为了创造出人造道德行为体。机器道德其实是一个更广泛问题的特例。这个问题随着人工智能与人类之间越来越多的交互而浮现在我们面前。这个问题就是，如何保证机器尊重那些通常很含蓄的人类文明规范，例如排队等公交车或者只拿走一份免费报纸。如何创造出能以适当的方式进行社交，并尊重人类的是非观念的计算机程序，很可能是一个巨大的技术挑战。

我们能不能给计算机编入"遵纪守法"程序

这个问题说起来容易做起来难，因为违法行为时有发生。但是，遵守法律不足以保证道德正确。例如，当一条狗在袭击儿童时，我们可不希望它的遛狗机器人因为"请勿踩踏草坪"

的标志就放弃阻止它。近年来，无人驾驶汽车引发了一些令人担忧的问题。比如说，假如你危在旦夕，需要立刻前往医院治疗，你会愿意让你的无人驾驶汽车耐心地等待红灯吗？它是否应该为了避免撞上一条横穿马路的狗而穿越路中间的双黄线？我们生活中的行为规则并不是在真空中制定出来的，它们假定，人们能意识到，在存在更重要的目标时，规则是可以被改变，甚至打破的。

设计一台能根据对环境的观察而自我修正规则的机器是可能的，问题是，这些修正应该遵循什么原则？我们需要一些更深层的规则来作为指导，特别是在规则不适用或者因一些更高的道德需求而打破规则的时候。所以，我们必须发展出清晰明了和易于实施的道德理论，才能指导智能机器的行为。

人工智能如何为犯罪负责

有能力追求目标的事物就一定能接受惩罚，你只需要干预它达成目标的能力即可。如果它能以某种方式进行调整和适应，说明它至少在一定程度上能够改变自己的行为。只要以正确的方式对其加以干预，你就能实现自己想要的目标。

法律理论认为，刑罚主要有 4 个目的：威慑、改过自新、补偿和复仇。对人工智能来说，威慑很简单：关掉它，或者以其他方式阻止它再次做出你不想让它做的事情。但是，你并不想不分青红皂白就对它全盘否定。因为它还能提供一些有用或有价值的东西，只要它能接受劝阻并不再做那些"坏事"，你就希望能继续保留它所带来的好处。换句话说，你希望它"改过自新"。

这或许是可行的，比方说，用一个已调整了一段时间的机器学习系统就可以实现。不过，若想再现这个过程可能很难甚至几乎不可能，因为训练数据变化很快，转瞬即逝。比方说，请你想象一个用来为重要基础设施（例如电网）侦测网络攻击的系统。它可以在一系列不断变化的合法活动之中侦测出不同寻常的活动模式。（这个应用是真实存在的。）假设，人们最近投入使用了一个全新的分布式电网管理系统，它的作用是避免系统突然死机（这是个假想的例子）。这个新系统的通信流显然是合法的，但它却遭到了侦测系统的阻拦。你要如何修复这个问题？基本上来说，你需要对它进行重新训练。比方说，你可以给它一些与合法通信流相同的假通信流，并告诉它今后不要阻止这样的通信流。

概言之，如果你对人工智能实现最优目标的计算过程进行一些改变，为你不想看到的行为附上一些成本，它就会相应地调整行为。比如说，如果一辆无人驾驶出租车的目标是实现收益最大化，它可能会发现，加速冲过黄灯的行为能减少行程所需的时间，还能增加小费。但是，如果这种行为会招致罚款，上述推理过程也会随之改变，从而改变它的行为。

正如前面所说，刑罚的补偿功能需要一个资金池来实现。无论补偿的钱是来自侵权所得，还是来自相关政府部门收取的罚款，向受损方支付赔偿金都算得上让人工智能系统为自己的行为负责的合法方式。

然而，复仇则是另一码事。从原则上说，这是仁者见仁、智者见智的。但复仇的目的是为了在坏人身上创造出负面的情绪状态，例如悔恨，或者对重获个人自由的向往。每当你感觉计算机不可理喻时，总是涌起一股将它扔出窗外的冲动，但这些负面情绪对非生物体来说毫无意义。不过，情绪的满足有时并不需要以理性作为基础，瞧瞧那些对坏掉的自动贩卖机拳打脚踢的人，你就明白了。

ARTIFICIAL

INTELLIGENCE

06

去技能化时代，
人工智能会抢走我们的饭碗吗

　　说到人工智能，特别是说到机器人的时候，人们总是忍不住把它们视为与人类竞争的机器劳动力。但这个观点对于研究它们对劳动力市场的真实影响于事无补。迎接机器人、辞别人类工人的画面很有吸引力，但这只会模糊一个更为重要的经济效应：**自动化会改变工作的性质。**

　　纵观人类历史，一个很明显的事实是，技术进步提升了生产力，增加了经济产出，特别是在工业革命时期。简单来说，这意味着相同的工作量所需要的人数变少了。但是，历史也一次又一次地告诉我们，这些进步增加的社会财富会创造出新工作，但这个效果不是立竿见影的。更重要的是，新创造出来的工作与已经消失的旧工作通常大相径庭，导致那些失业工人往往缺乏新技能来适应新工作。如果这个改变是逐步发生的，那劳动力市场尚能很好地调整和适应；但如果这个过程十分迅速或突然，那就可能会造成极大的混乱。

美国农业劳动力的历史堪称劳动力转型的成功案例。从总量上来说，农业劳动力的衰减简直是惨不忍睹。1870 年，美国 70%~80% 的劳动力都隶属于农业；到 2008 年，这个数字降到了 2% 以下[1]。也就是说，150 年前，几乎所有的健壮劳动力都在农田里干活，而今天的农田却几乎无人耕种。如果这发生在一夜之间，失业问题将无疑成为一场灾难。然而，这种灾难并没有发生。因为劳动力市场花了 150 年的漫长时间来适应新情况。那些只会种地的人因年老而死去，根本不需要学习像打字和开车这样的新技能，而新增的财富又为人们创造出了对各种各样新商品和新服务的需求，例如智能手机和私人教练。

但是，机器取代人类的过程比这微妙多了。实际上，**自动化取代的只是某些特定的技能，而非整个职业。相应地，雇主需要的也不是劳动者，而是用这些技能来得到他们想要的结果。为了实现这一点，机器人制造商并不需要让机器取代人类；他们只需要让机器拥有必需的技能以便完成有用的任务就可以了。**虽然这些机器人可能并不会将一个一个的劳动者取而代之，但它们或多或少会让人们无事可做，因为所需的劳动者数量减少了，工具能让一部分劳动者的生产力变高，也可能让另外一些劳动者失业。与此同时，这个过程也改变了那些依然受雇用的劳动者的工作性质，因为它消除了对某些技能的需求，同时也可能增加了对某些新技能的需求。

一个很好的例子就发生在你家附近的超市收银台。在那里，有的店员帮你算账，有的店员帮你打包。他们的工作任务需要一些技能，而这些任务在过去几十年中已经发生了巨大的变化。过去，收银员需要一一检查购物车里的每样东西，并手动把价格敲入收银机内，而现在他们只需要简单地扫描一下条形码就可以了。这种新系统在精确度、时效性和便利性等方面的优势十分明显。但为什么超市还要留着收银员呢？因为一些物品仍需要特殊对待。譬如说，散卖的蔬菜需要经过种类识别和称重才能决定价格。那么，这是否帮收银员保住了工作呢？也许吧。超市依然会雇用收银员，但是数量会越来越少。美国劳工统计局预计，接下来的 10 年里，全社会的整体就业率将增长 11%，而收银员这个职业的就业率只会增长 3%，这或许就是自动化程度提升的结果[2]。在这个时候，装袋员的工作反而更加保险，因为将一堆随机的杂货装进袋子里，还要保证每个袋子不至于太重，并且重量是均匀分配的，不会损坏里面的东西，目前来说，这些都需要人类独有的判断力。然而，装袋员的工作却受到了一个竞争者的威胁，这个竞争者就隐藏在他们身边，那就是收银员！收银员正在做为顾客装袋子的活[3]。

但是，人工智能的出现并没有改变劳动力市场随技术变迁的基本原则。从经济学的角度看，人工智能技术只是自动化的又一次进步。但它蚕食劳动者技能的潜力是近代科技创新史中，其他技术都不可比拟的。当然，计算机的发明除外。

想一想，假设现在的超市中最先进的计算机视觉系统早在几十年前就出现了，会发生什么？与条形码的识别、标记和系统重建不同，这种全新读取器或许能够完全通过视觉外观来判断和识别商品，甚至在必要的时候读出写在或印在商品上的价格。由于这种方法比条形码对食品供应业的扰动更小，如果它早几十年出现的话，它可能早就以低廉的价格迅速普及，并已导致就业的迅速萎缩。

总结而言，要理解人工智能是否会让人们失业，就必须先理解以下这些问题：劳动者总体上使用了哪些技能？这些技能是否可以和他所做的其他工作分离开？这些技能有多容易被自动化？一般来说，一个劳动者的独门绝活越少，他就越容易被机器取代，当然，也得看是什么技能。但是，即便某个劳动者只有一部分技能或经验可以被自动化取代，生产力的提升也必将削弱整体的就业形势。

所以，机器人会抢走我们的工作，但一个更有用的观点是：

它们在淘汰我们的技能。这个过程被经济学家称为"去技能化"（de-skilling），很恰当的一个词。这个过程并不新鲜，人工智能到底会造成多大量级的影响，将取决于这项新技术促进劳动者技能自动化的速度和广度。而在这个方面，对人类来说可不算好消息。

被人工智能摧毁的职业

若想回答这个问题，我们最好先看看有哪些虽然现在很难被自动化，但在未来却很容易被取代的技能。最明显的就是那些只需要简单感知技能（例如看的能力）的任务。很长时间以来，机械臂都只能在已知的位置上从已知的方向拾取已知的物体，但在实践中，在这些简单的行为之前，许多任务都需要先用简单的"看见"能力来确认物体的位置。这样的任务包括从树上采摘水果、收集垃圾、从架子上取下或存放物品、将商品装入用于运输的包装盒、安装屋瓦、分离出可回收材料、为卡车装货和卸货以及收拾乱放的物品等。随着计算机视觉的发展，今天那些依靠上述技能生存的人极有可能被取代，因而处在巨大的就业风险中。

还有许多人的工作仅仅只是集中注意力就行。人脸识别系统在人群中认出嫌疑犯的潜力众所周知，但这种系统的精度及其部署的范围正在迅速扩张，引发了人们对隐私问题的担忧[4]。在未来，视觉识别系统还将能够辨别出哪些行为是允许的，哪些是被禁止的，例如在商店中识别出走进了仅限员工出入区域的顾客，或者发现企图偷窃商品的行为。

许多管理活动都属于这个类别。例如，人工智能将能召唤服务员重新斟满顾客的酒杯，或者为下一桌顾客清理桌面。目前，斯坦福大学校园内正在测试一个计算机视觉系统，它能够按顺序计算进入盥洗室的人数，为保洁员制订打扫卫生的计划。未来的交通灯系统还将能够预测你什么时候到达，以便动态地调节车流，并在行人或障碍物（例如狗）出现时停下交通。

过去，人们认为最容易被自动化取代的职业是那些程式化的工作，这类工作需要重复相同的行为，或者说，在计算机出现后，很容易用一组清楚的步骤和规则来描述，因此更容易被简化为公式化的操作。但人工智能的领地正在扩张，已经可以完成许多显然不那么程式化的任务。例如，驾驶汽车的任务或许意义很明确，但却很难程式化。同样的事情也发生在阅读手写文件或翻译语言上。然而，机器学习技术已经在这些挑战上证明了自己的能力，通常与人类的能力不相上下，甚至已经超过了人类。

有了所谓的大数据，许多曾被认为需要洞察力和经验的任务如今都处在或即将处在机器的掠夺领地之内。实际上，用机器侦测对人来说过于细微或短暂的模式，已经得到了实际应用，例如探测网络中的数据流、侦测可能怀有敌意的人马在边境线附近的活动，或者监测信用卡诈骗。我们在上一章已经讨论过它们在法律职业中的应用，除此之外，大数据还很可能会改变医疗行业。比如说，IBM 公司正在将那个玩《危险边缘》的人工智能沃森扩展到各种各样的医疗应用上，例如为肿瘤医师提出癌症病人治疗方案的建议、为临床实验挑选最可能从新药中获益的病人，以及综合和分析多个数据源以便寻找新的治疗方法和药物[5]。

简而言之，在那些过去很难被自动化取代的领域中，新的人工智能技术有望极大地提升它们的生产力，因此，也可能摧毁许多职业。

哪些职业风险最大，哪些风险最小

2013 年，牛津大学的研究者发表了一项研究成果，详细研究了计算机化这一概念，特别是近年来机器学习和移动机器人技术的进展对美国就业市场的影响[6]。他们列出了每种职业所需的技能清单，以此分析了美国劳工统计局列出的 702 种职业。他们在几个维度上为这些职业进行了排序，特别是这些任务是偏向于程式化的还是非程式化的，主要依靠体力还是认知能力。他们发现，自动化面临着三个主要的工程瓶颈：感知与操作类的任务、创造性智能任务，以及社交智能任务。例如，他们认为，与公关职员相比，洗碗工的工作需要的社交智能较低。虽然在每个维度中都有来自计算机的入侵，尤其是程式化的职业和体力劳动，但他们发现，假设一个职业真会被计算机取代，那么，它的排序越高，自动化要取代它所需花费的时间也就越长。

研究者用这些职业当前的就业规模调整了职业种类的划分，然后得出了一个惊人的结论：在接下来的几年和几十年里，现今47%的工作都将面临着被自动化取代的高风险，另外有19%的工作将面临着中等程度的风险。他们认为，只有1/3的现有职业在接下来的10~20年的时间里不太容易被取代，因此相对安全一些。现在，让我们来深入了解一下他们的研究。

蓝领工作的未来

长期以来，工业机器人都被用于简单和重复性的任务，例如焊接和装配，但是，传感器系统近年来取得了一些技术性突破，让这些"机械奴仆"能够冲出工厂车间，寻求更广阔的劳动力市场。但它们却缺失了"大脑"。我们能将低成本的传感器连接到灵敏的操纵器上，但将数据流翻译成行动却又是另一码事。这是一个很困难的问题，但人工智能工程师有一个诀窍：**许多具有经济价值的事情都可以被解构成一系列较小和较简单的任务，由不同的设备和技术来完成。**正如我们之前讨论的那样，这些系统并不一定会逐个地取代单个劳动者；但许多装置组合在一起，会逐渐取代目前由人类完成的各种任务，直到只剩下一点点事情，甚至一点也不剩。例如，组装草坪喷灌系统这种复杂任务可以被分解成许多若干更加容易被自动化的部分。比方说，可以由第 1 个机器人运送材料，第 2 个机器人挖沟，第 3 个机器人铺设和连接水管，第 4 个机器人回填泥土。或许，它们仍然需要人类来设计管线的铺设路线并监督它们的工作，但这对那些靠这活儿谋生的体力劳动者来说于事无补。大多数工业和商业自动化并不需要重建一个神奇的大脑，只需要把活儿干完即可。

人工智能就在这里趁虚而入。大部分情况下，单用途的解决方案就很好用了，即便它们的应用范围无法扩展，但是经济实惠。你新买的自动除草机并不需要具备修剪玫瑰花的功能；土豆削皮机也不一定非得能帮你洗碗。俗话说，任何事都能找到一个 APP。在目前的发展水平上，人工智能要取代大多数蓝领工作，并不需要来一次根本性的科学突破，目前主要的限制只是艰辛的工程问题而已。只要任务的定义是明确的，所需的传感器数据是可获得的，并且处在当今机械工艺的能力范围之内，那么，这些问题的解决就只是个时间问题。早晚都会有某个聪明的发明家组装起正确的零部件，写出必要的程序，来取代人类。

那么，这些兵临城下的"灵活型机器人"能做些什么呢？这个问题有点像在问"卡车可以装些什么东西"一样。应用的范围实在太广了，任何试图回答这个问题的尝试都可能会误入歧途，因为这个表单不可能完整。任何一种你能想到的体力劳动，譬如收割庄稼、粉刷房屋、开卡车、指挥交通或者送快递，只要一个团队的工程师齐心协力，就能开发出一个计算机和机器人的组合系统来解决这个问题。即便不是立马就能实现，也很可能会在未来几十年里变成现实。

蓝领工人给人留下的刻板印象是他们都用肌肉来完成体力劳动，通常并不需要特别的训练或技能。但事实并非总是如此。蓝领工作主要是对物理实体进行操作，而不是处理信息，或者说，其工作成果是物理存在的人造物。例如，你可以说外科医生和音乐演奏家也属于蓝领工人，但放射科医师和作曲家则不是。

牢记这一点，现在让我们来看看牛津大学的研究者认为

哪些蓝领职业是最容易被自动化取代的[7]:

◎ 下水道挖掘工;

◎ 修表匠;

◎ 机器操作员(有许多不同的子类别);

◎ 出纳员;

◎ 发货员、收货员和交通员;

◎ 驾驶员;

◎ 检验员、试验员、分类员和采样员;

◎ 电影放映员;

◎ 收银员;

◎ 研磨和抛光工人;

◎ 农民;

◎ 门厅服务员、检票员;

◎ 厨师;

◎ 赌场发牌员;

◎ 火车司机;

◎ 柜台服务员(食堂、咖啡店等);

◎ 邮局柜员;

◎ 庭院设计师和园丁;

◎ 电子和电器设备装配工;

◎ 印刷厂装订工。

虽然这些职业在不远的未来有可能被自动化取代，但人们并不一定想要这么做。在许多情况下，劳动者传递的不只是物理价值，还有社会价值。例如，我们完全能够建造拉小提琴的机器，但是，去听一场由机器演奏的音乐会似乎不太可能成为一种高雅的情绪体验。同样地，我们也可以建造机器来取代赌场的 21 点庄家（现在已经有这种机器了），但有一些人选择去牌桌上玩牌而不是玩电子游戏，正是为了与人进行社交和体验人类的情感表达。

同样地，牛津大学的研究还列出了一些最不容易被自动化取代的蓝领工作：

◎ 娱乐治疗师；

◎ 听觉病矫正医师；

◎ 职业治疗师；

◎ 义肢矫形师和修复专家；

◎ 舞蹈编导；

◎ 内科医生和外科医生；

◎ 牙医和正畸医生；

◎ 织物和服装制模师；

◎ 体育教练；

◎ 护林员；

◎ 注册护士；

◎ 化妆师；

◎ 药剂师；

◎ 教练和侦查员；

◎ 物理治疗师；

◎ 摄影师；

◎ 按摩师；

◎ 兽医；

◎ 美术家和手工艺术家；

◎ 花卉设计师。

白领工作，自动化的天然目标

白领工作的特点是处理信息，因此，许多白领工作成了计算机自动化的天然目标。其中一些白领工作涉及手工操作的过程，例如将手写的文本誊录成电子格式。有些任务所需要的技能对人类来说很自然，但对机器来说很困难（至少对现在的机器来说），例如将语音转换成文字。还有一部分白领被称为知识工作者，他们的主要价值是专业知识，但他们的产出依然是信息，例如软件工程师和会计。

在某些方面，将人工智能技术应用到白领任务比蓝领任务更简单。一般而言，让计算机操纵信息比让它融入物理世界更容易，也更自然。此外，白领工作通常不像蓝领工作那样需要进行实时控制。

说到对人类就业的影响，人工智能并不总是遵循人类对某些职业地位的看法和尊重程度。许多地位较低的职业反而极难被自动化，而一些地位很高的职业则比较容易自动化。例如，对职业记者来说，写出引人注目的新闻稿的技能和经验似乎是他们的杀手锏，但计算机已经能够写出一些与人类作品难分伯仲的文章（至少在某些领域）。人工智能企业 Narrative Science 就是这个领域内一家开创型的公司，它能根据各家公司的收益年报为《福布斯》杂志撰写文章[8]。Narrative Science 公司的产品还能为数据撰写自然语言形式的概要，不仅可以运用在金融行业，还能用在体育新闻、政府证券、情报摘要、人力资源的简历梗概，以及营销活动的分析上等。

牛津大学的研究者列出了一些最容易被自动化取代的白领职业：

◎ 税务筹备员；

◎ 产权检查员；

◎ 保险公司业务员和索赔处理员；

◎ 数据输入员和经纪业务员；

◎ 信贷员；

◎ 信用分析师；

◎ 记账员、会计员和审计员；

◎ 工资结算员；

◎ 档案管理员；

◎ 接线员；

◎ 福利管理员；

◎ 助理图书馆员；

◎ 核反应堆操作员；

◎ 预算分析师；

◎ 技术文档撰写员；

◎ 医疗记录员；

◎ 地图测绘员；

◎ 校对员；

◎ 文字处理员和打字员。

该项研究还列出了以下这些最不容易被自动化取代的白领工作：

◎ 计算机系统分析员；

◎ 工程师；

◎ 多媒体艺术家和动画师；

◎ 计算机和信息研究科学家；

◎ 公司高层管理人员；

◎ 作曲家；

◎ 时尚设计师；

◎ 数据库管理员；

◎ 采购经理；

◎ 律师；

◎ 作家；

◎ 软件工程师；

◎ 数学家；

◎ 编辑；

◎ 平面设计师；

◎ 空中交通指挥员；

◎ 录音师；

◎ 排版员。

上面列表中缺失了一种叫作"粉领"的工作。粉领是指那些主要从事服务业的人。面对面的交流是粉领的核心工作内容，或者说，观察和表达情绪对他们的工作非常重要，例如服务员（提供餐桌服务而不只是负责点菜的服务员）、临床心理学家、警察、行政助理、课堂教师、不动产经纪人、销售

咨询师、管理员和护士。尽管他们工作的某些方面可能会被计算机取代，但是余下的部分，主要是那些需要用直觉与他人进行交流的部分，在可预见的未来，可能都很难被自动化取代。

ARTIFICIAL
INTELLIGENCE

07

谁将从这场技术革命中获益

让人感到不幸的是，人工智能正在加速资本对劳动力的替代，因此那些占有资本的人将受益，并且会以那些主要依靠出卖劳动力为生的人为代价。收入不均已经是一个迫在眉睫的社会问题，而它在未来将变得更加严重。

若想理解人工智能技术的经济后果，我们最好先回到农业自动化的例子上。正如我们在第 6 章讨论的那样，从 1870 年到今天，美国从农业经济转变为了工业经济。想象一下，假如一阵突然袭来的农业自动化潮流将这个转变过程由 100 多年缩短到了几十年，那会发生什么事情？那些拥有眼界和资金、买得起全新农业机器的人将会迅速超过那些依赖体力劳动的人。随着这些新兴企业家累积的利润越来越多，他们可以用极低的价格买下邻居的农田，并把邻居从土地上赶走，让他们只能住进贫民窟中。实际上，这正是工业革命时代发生过的事情。诚然，这波由人工智能驱动的自动化浪潮肯定会给我们带来利益，但除却这些利益，它也有可能对我们的就业市场和整体经济造成与工业革命时代相同的混乱。

没有人会挨饿

有趣的是，这些负面的社会效应并不是不可避免的：**它们是经济力量产生的直接结果，而这些经济力量毫无疑问是处在我们控制之下的。**在那个"农业一夜之间被突然自动化"的假想世界里，人们能以极小的成本生产出同样数量的食物，因此从原则上说，没有人会挨饿，人们也有更多闲钱可花在其他事情上。然而，几乎没有人能找到工作，也就没有工资，也就没有钱来购买食物。所以，与历史上的大多数饥荒一样，问题并不是缺少食物，而是缺少分配食物的意愿和方法，而这可用政策来解决。没有哪条自然法则规定自动化程度的提升一定会危害社会，正如马克思所认为的那样，在保证激励政策符合社会最大利益的同时对财富进行有效管理和分配这方面，我们有着相当大的控制力和灵活性。

在那个"农业快速自动化"的假想情况里，即便不采取任何缓和措施，问题也会很快自我纠正，但可能会付出巨大的社会代价。随着饥荒屠城和人口骤减，人们对食物的总需求量会下降，食物的价格也会随之下降。最终，幸存者将拥有足够的食物，但社会总体的经济产出可能已经极度萎缩。于是，问题就算解决了，只要你不在乎随之而来的人寰苦难和经济退步。

更大的生产力，更高的失业率

这说明一个事实：我们生活在一个主要基于劳动力来分配财富的经济体系中。确实，对那些被剥夺公民权的人来说，他们通常的需求不是更多的钱，而是拥有一份体面的工作。但奇怪的是，在许多地方，这种基于劳动力的经济体系是在比较近的年代才出现的产物。在古埃及，毫不夸张地说，被视为在世神祇的法老拥有着一切，包括为他工作的所有人。法老可以在不危害社会稳定的前提下按自己的意愿来分配食物和住所等资源。虽然货物形式可作为对劳动的奖赏，但在该帝国存在的很长时间内，都不存在钱的概念，因此也没有工资一说[1]。毋庸置疑，这种方法十分成功，让古埃及的经济体系一直绵延了数千年之久。从某种意义上说，中世纪欧洲采用的封建体系也是这种体系的一个变体，不同的是，在欧洲，使用土地（封地）的权利通常与必要时强制服兵役挂钩。即使在近代，英国的乡绅体系还与过去的贵族世袭制很相似（虽然并不完全一样），这种体系在实践中完好地延续到了21世纪，就像电视剧《唐顿庄园》（*Downton Abbey*）中演的一样[2]。上述这些例子中，没有一个统治阶级的经济地位是靠劳动力赚来的。

这些体系之所以会保留下来，与农业在人类活动中的中心地位分不开：在历史上，社会的大部分资产都是土地，所以在很大程度上，土地所有权就是财富的同义词。但是，自农业革命以来，土地作为一种资产在社会财富中所占的比例骤降。目前，美国所有土地的价值减去其上附属物大约还剩 14 万亿美元，只占美国总资产 225 万亿美元的 6%[3]。因此，过去曾被人们广为接受的社会财富分配方式，即授予土地所有权或使用权的方式，如今已不再行之有效。今天，这种方法的现代版本是给人们钱来投资，并允许他们保留其产生的大部分或全部利润。但这种方法在政治上不可行，甚至荒诞可笑（除非你正好在运营对冲基金）。

但是，到了 1870 年，美国的土地所有权已经分配得相当公平和广泛了，主要是因为有一些相关政策，例如 1776 年在大陆军服役就能获得土地。还有，1862 年的《宅地法》（*Homestead Act*）规定，开垦某片土地 5 年以上的定居者可以获得这片土地的所有权。（这实现起来十分容易，虽然有土著居民，但大部分土地都是无主之地。）换句话说，如果你通过劳动让某个资产变得富饶多产，你就能获得该资产的所有权。

你对国家财富占有的份额很大程度上取决于你劳动的努力程度。问题是，在现代劳动力市场中，你一样需要劳动，但你并不拥有你创造出来的财富。甚至，你创造出来的一部分财富被用来提高你的生产力，这是让人们走向失业的自动化技术的委婉说法。到 1970 年，美国工人都还能成功地要求从增长的利润中分一杯羹，但从那之后，工会的衰弱以及其他社会变革逐渐削弱了工人的谈判能力。因此，工资并没有随生产力的提升而增长。也就是说，现在资本拥有者独享了生产力提升带来的利益（这主要是由自动化方面的投资所带来的）。这些人也没有动机与工人分享利益，原因很简单，因为他们不需要这么做。

在研究劳动力市场与收入不均的经济学家和技术人员中，越来越多的人（包括我在内）相信，我们正处在人工智能应用增速发展的临界点。对人工智能应用的快速部署会极大提升生产力，因此也会迅速让许多人失业。如果这真的发生了，我们将面临一个两难的抉择：**是选择改变现有经济体系来应对随之而来的社会动乱，并**

保持经济增长；还是选择渡过一段极端艰难的时间，
承受生产力增长的萎缩，并伴随着大范围的贫穷。

这种对人工智能未来的预期主要来自对人工智能技术进步本质的主观判断。一些发明旨在以更有效的新方法解决某一个特定的问题，例如自行车和铁路的发明旨在解决陆路交通问题。无线电技术将长距离沟通的时间和成本降至接近于零。同样地，数码相机改变了摄影的方式，也变革了我们分享信息的方式。然而，还有一些发明改变的却是更加根本的东西。例如，蒸汽机改变了我们劳动的方式，电力也是如此。这些技术的影响是如此深远，以至于如果只对它们的某一些特定应用进行讨论，那简直就是舍本逐末。

人工智能就是第二种类型。你可以用人工智能做些什么？或许，回答"你不能用人工智能做些什么"这个问题可能更容易一些。结果，大多数目前由人类完成的任务可能很快就能用技术手段来解决。很快，我们就会发现，人类劳动力正在逐渐输掉与自动化系统的竞争，因为这些系统干起活儿来比人类更快、更好、更节省成本。问题是，我们要如何公平地分配随之增加的社会财富？当下，技术进步的受益人是那些手握资本的人。假如我们继续保留目前的经济体系，那就相当于把未来的财富拱手让与他们。

中产阶级是解药吗

有一个广泛传播的观点认为，不平等加剧的问题是能够自行纠正的，因为富人"需要"中产阶级来购买所有商品和服务。为了证明这种观点，还有一件著名的逸事。20 世纪 50 年代早期，美国汽车工人联合会（United Auto Workers）的主席沃尔特·鲁瑟（Walter Reuther）造访了福特汽车公司的生产车间 [4]。这个工会代表汽车工人的利益。福特公司创始人的孙子亨利·福特二世（Henry Ford II）带领鲁瑟参观了全新的高度自动化车间。据说，福特开玩笑地问："沃尔特，你怎么才能让这些机器人给你上缴工会会费？"鲁瑟回答道："亨利，那你如何才能让它们买你的汽车呢？"

令人感到不幸的是，"不平等现象能自我纠正"的观点只是一个神话。大多数人只为富人利益工作的现象没有理由会自动停止，就像古埃及那样，成千上万的劳动者辛勤工作数十年，只为有钱人修建坟墓。与如今流行的看法不同，这些古埃及劳动力并不是奴隶。实际上，有许多历史证据表明，他们的工作在当时被视作相当不错的职业。这种现象的现代版本是一些超级富豪的个人兴趣项目。例如，亚马逊公司创始人杰夫·贝佐斯（Jeff Bezos）赞助了一个将太空探索私有化并降低其成本的项目 [5]。微软公司的联合创始人保罗·艾伦

（Paul Allen）向一个寻找外星生命的项目资助了 3 000 万美元[6]。但这些在新兴精英阶层沉迷的嗜好中，只能算九牛一毛。这几个项目之所以为人所知，是因为它们或许会对社会产生一些更广泛的益处。由于这些项目的背后金主并不是受利益驱动，因此它们不需要生产出具有商业价值或吸引消费者的产品，但却可能雇用大量劳动力。未来的富人完全可以只为了让自己高兴而花钱雇人写诗，或者请众多明星来为子女的生日宴会表演。

这已经是乐观的情形了。情况本可能变得更糟——他们可能选择在生日宴会上用机器人来表演，让失业的人继续挨饿受冻。从逻辑上说，资本主义经济的极端后果就是财富集中在一小部分精英手中。在这个系统中，处在社会顶端的人控制着一切。用供需关系来分配财富的方法不再有效。简单来说就是，**富人实际上能决定谁能找到工作，进而也能决定谁生谁死**。新法老万岁！

不过，因为一些社会和政治的原因，这个极端情况不太可能发生。但是，只要富人的大部分嗜好都不为人知，他们就会将越来越多的资源集中在自己的兴趣爱好上，这样，它们对经济的驱动作用也会越来越大。老百姓辛勤劳动只为越来越少的顶层幸运儿创造越来越奢侈的商品，这种可能性是如此的真实，近在咫尺，令人惶恐不安。

是公平，而不是劫富济贫

随着目前所知的职业的消失，我们需要从基于劳动力的经济转变为一个更加基于资产的模型。这样，减轻收入不均和增进社会公平的问题就变成了如何更广泛地分配财富，就像美国过去分配土地那样。这个转变不是质变；它只是重点之一。今天，基于劳动和基于资产的方式是同时存在的：你可以选择上班挣工资，也可以选择投资你的资产，靠投资回报过活（还有一种方式，你还可以选择只花费你持有的资产过活）。一个亟待解决的问题是，如何在不拿走其他人资产的情况下将资产分配到人们的手中。令人感到幸运的是，目前我们有两种非个人拥有的资产池：未来的资产和政府资产。

未来的资产

首先我们要看到，资产的基础本身是不稳定的。历史上，至少在美国，社会总资产总是在快速增长，差不多每40年翻一番。总体来说，我们当下的富裕程度是40年前的两倍。对那些因年长经历过这个周期的人来说，这个过程十分缓慢，几乎感觉不到。但不管怎样，这个变化还是十分显著的。

我们很难将今天的生活水平与过去相提并论，其中一个原因是财富总会以新的形式出现。如果你想从银行账户里取点钱出来，在 40 年前，倘若银行营业厅关门了，你可就倒霉了。而现在，你随时都可以在任何一台 ATM 机上取钱。如果想知道你的孩子去哪儿了？在过去，如果你能使用电话，就可以给那些在他可能出现的地点的人打电话，询问是否有人见过他，否则你就只能坐在家里干等着。而今天，你可以给他的手机打个电话或者用定位软件，就能知道他身处何方。过去，家庭视频娱乐只有很少的几个电视频道，而今天，有线电视或卫星电视将丰盛的节目和电影按需送到你家，不仅清晰度高，而且内容也更有趣。想看新闻？你不再需要等待第二天一早送到家门口的报纸，你可以在互联网上随时查阅。你能获得的书籍、食物和各种各样的产品服务就像爆炸了一样，并且许多都是立等可取的。是的，大部分人的生活都变好了，不是变好了一点点，而是变好了许多。

这种社会总财富的巨大增长并不新鲜：这种增长模式至少可以追溯到几百年前。今天的美国公民比乔治·华盛顿当总统那会儿的美国人富裕了大约 50 倍。因此我们有许多理由相信，在人工智能进步的推动下，即便财富的增速不会提升，这种增长势头还是会延续下去。

因此，我们可以通过改变新增财富的分配方式，而不是用劫富济贫的方法来解决公平问题。**改变游戏规则，好让生产力和效率提升所带来的财富在进入富人囊中之前就分配到**

更加广泛的人群中，这种方法比先积累到富人手中再拿走分配给其他人的方法更容易。

但这只是故事的一部分。虽然政府资产从本质上说是属于所有人的，但与私有财产（包括个人财产和集体所有的财产）却有根本性的不同。在一些情况下，二者是等价的，比方说，当政府拥有从私营部门购得，并能再次出售给私营企业的资源时。但是，由于政府控制着最终的原始资源（也就是货币供应），它能够促进或阻碍资本的流动，因此，它实际上能改变资源的价值和配置方式。

政府控制货币可以有许多形式。它可以是无针对性的，比如说，政府可以发放或回收实体货币，或者调整银行借款利率（联邦基金利率）。它也可以是有针对性的，比如说，政府可以发行一些限定用途的通货，例如粮票，也可以通过创造出激励或抑制机制来极大地影响（如若不算控制的话）私有资产。例如，对慈善性捐款进行减税具有促进慈善事业的作用，对提前支取退休金的行为征收罚款有助于鼓励储蓄。或者，政府也可以简单地禁止将资金使用到某些特定的用途上，或者禁止在某些情况下对某些用途使用资金，例如将无处方购买某些药物视为违法。因此，政府不仅对资产的分配和使用拥有相当大的控制权，还可以创造出一些有限制的新资产形式来促进社会目标的达成。这样一来，就可以用更可行的方法来重新分配财富，而不是简单地用税收和补贴来劫富济贫。

在没有政府救济的情况下，扶持失业者

有了创造性的经济思想，我们就不需要采取罗宾汉那样的方式来解决不平等问题。通过一个例子，让我们来思考一下为老年人筹措退休金的方法。假设政府在每个公民5岁时都会自动给他们发放一个信托账户，该账户的收入只能用于投资。每个账户可以由一个登记在册的财务顾问管理。这个财务顾问可以由儿童的监护人来挑选，也可以由政府指定。由于这是个人的退休金账户，因此只允许进行某些特定的投资，也可以只允许花销在某些特定的目的上，例如投资在儿童教育上。在年轻人这里，资金被聚集起来，作为隔夜资金借贷给银行，可以降低银行对中央银行的借贷需求。或者，它们也可以投资到某些特定种类的证券上。

当儿童成长到一定的年龄，例如20岁时，初始资金会被返还给政府，并转存入下一代儿童的账户中，但所有的增值部分都变成了该受益人的财产，不过可能是以某种受限的形式。换句话说，这是一份有限期、零利息的贷款。例如，接下来的当前余额可以保持不可动的状态一直到年老的时候，就像社会保险一样；额外的增长，比如利息和股息等可以分配给

受益人。假设这个零利息的限制性贷款在 15 年的时间里赚得了年均 5% 的利息，那这个账户的价值就能增长到两倍还多。（提供一个数据供你比较：1928—2010 年的年均股票回报率为 11.31%[7]。）

这个提议在政治上更可行，因为它不算普通意义上的津贴，它没有设定固定的回报率或价值，因为这会随经济情况而变化，并且它向个人提供了较大程度的自由裁量权、风险水平和控制力（在上述例子中，是由儿童监护人来执行）。这个项目发放的资金数额可能会根据符合条件的儿童数量而变化，也可以在某种程度上按家庭发放。一开始，数额可以不用很大，但随着分配到该项目的资金随时间累积而越来越多，它最终可能积攒得相当多，足以向普通公民提供终身收入的一大部分。这个提议还远算不上完美，可能也根本无法实施。然而，它展现了一种创造性思维，或许可以帮助我们的社会踏入一个更公平的未来。

如果不工作能舒服地生活，为什么还要工作

维持生活所需并不是人们工作的唯一目的。虽然有些人只想挣最低工资，然后成天躺在沙发上看电视，但许多人或者说大部分人都希望用工资来增加收入，提升自己的生活水平。还有一些人是在寻求刺激、成就感、社会交际和努力进取的

状态。人类对改善自我境地和赢得他人尊重的欲望是不会消失的。假如某个经济体系能产生的最坏结果也不至于特别糟糕，那么它就能鼓励人们去承担风险，也能鼓励创造和创新。如果开创一项事业，无论是小到制作和贩卖手工艺品，还是大到成立一个风险资本来投资颠覆性的新技术，都有可维持生活的收入作为后盾，那整个社会便会因此受益。

此外，关于什么算得上成功的职业，我们的态度可能会发生变化。在未来，从事照料老人、养兰花和演奏乐器的人或许也能赢得今天的高收入者才能获得的尊重。因此，至少从自我实现和社会地位这些方面而言，工作的定义可能会转向那些利他或者没有金钱回报的行为，而不是那些能赚钱的事情。

如果有一部分人选择退出劳动力市场，那就让他们退出吧。人们有选择自己生活方式的自由。毫无疑问，那些选择完全不工作的人相应地也就只能过一种简单而清贫的生活。社会或许会分裂成两派：信奉享乐主义但身无分文的"嬉皮士"和固执己见、野心勃勃的"雅皮士"。但这比历史上曾发生过的，分裂成不择手段保住工作的人和悄无声息等着饿死的人这两派要好多了。

ARTIFICIAL

INTELLIGENCE

08

在人工智能失控之前，握紧缰绳

　　并不是人工智能的每个子领域都在以同样的速度发展，一部分原因是它们都建立在其他领域的进步之上。例如，机器人物理性能方面的进展比较缓慢，因为它依赖于其他诸多学科的进步，例如材料学和电机工程学等。相比之下，机器学习的发展则十分迅速，这很大程度上是因为用于训练的电子数据量由于互联网的出现而迅速爆炸。有时候，重大的进展会由一些新算法或者新概念点燃，但大多数情况下却是反过来，计算、存储、网络、可获取数据或通信等方面的某些进展为利用这些进展的人工智能新技术提供了开发机遇。

　　换句话说，人工智能中的许多进展都是相关领域在基本硬件和软件方面进步的结果。

一个后生物的生命新纪元

"奇点"理论（Singularity theory）是说，在未来的某个时间点，机器将变得足够聪明，它们能对自己进行重新编程和自我改善，从而使其智力如同脱缰野马一般迅速增强。这个想法有许多不同的版本。超人类主义者（transhumanists）认为，这场加速进化不是发生在机器上，而是发生在我们人类身上。许多文章激烈地辩论过超人类主义的利弊。超人类主义者认为，我们会为自己的身体器官（可能也包括我们的大脑）设计出替代物，或者将人体与机器结合起来，从而延长寿命（甚至长生不老）或极大地增强感官能力。这样，我们或者我们的子孙便可以称得上是一个新人种[1]。还有一些思想家，特别是牛津大学的尼克·波斯特洛姆（Nick Bostrom）则认为我们应当小心谨慎，以免超级智能（superintelligent）崛起，颠覆和控制人类，伤害我们、毁灭我们，或者视我们为草芥[2]。

一些未来学家，例如雷·库兹韦尔（Ray Kuezweil）认为我们应该拥抱奇点，他认为奇点是技术驱使的必然宿命[3]。还有一些人，例如弗朗西斯·福山（Francis Fukuyama）则认为这是一个危险的进步，有可能会让我们失去做人的基本意义[4]。技术奇点的思想至少可以追溯到 18 世纪（当然了，那时候与人工智能没什么关系），但奇点这个概念在现代语境中的流行却主要归功于计算机科学家兼著名科幻作家弗诺·文奇（Vernor Vinge）在 1993 年写的一篇题为《即将到来的技术奇点：后人类时代如何求生》（*The Coming Technodogical Singularity: How to Survive in the Post-human Era*）的论文[5]。他的几本科幻小说都是以这个概念为出发点。

关于奇点，有众多探讨。在讨论的表面之下，隐匿着神秘的激情。这种信念认为，我们正在接近人类时代的终结，接下来会进入一个死人也可复活的新时代（很可能是以电子形式复活）。**到那时，我们将可以把自己的意识转移到机器中，或者保存在网络空间内。一个后生物的生命新纪元即将来临。**

这种末日理论对大众具有很强的吸引力，更不用说，它也受到了科幻作家的长期宠爱，还获得了一些著名专家或低调或高调的支持。但我们必须注意到，这种观点并未得到那些真正从事人工智能工作的工程师和研究者的广泛支持。包括我在内的许多人发现，今天的技术很难与遥远未来的异想天开联系起来。实际上，真相很简单，几乎没有证据表明当下的技术预兆着一个无所不知、无所不能的超级智能即将来临。若想理解人工智能的前景与潜力，更恰当的方法是将其视为自动化技术的自然延伸。

这并不是说那些认为人工智能末日即将来临，并称颂其伟

大或者警告其威胁的人一定是错误的，也不是说他们和那些
预言"神之归来"和末日审判的人一样荒谬，而是说，他们
预言的奇点发生的时间和内容在今天的现实世界中缺乏立足
的根据。今天的机器学习取得了巨大的进步，具有重要的实
践意义，但我们没有理由认为它会孕育出通用人工智能，更
没有理由相信它会在某一瞬间出人意料地醒过来。至少，在
活在今天的人的人生尺度中，这是不可能发生的事。

奇点可能在何时发生

关于这个问题，最著名的莫过于雷·库兹韦尔的预测了。
他认为，奇点会发生在 2045 年左右。他们以历史趋势图表和
统计分析为基础，以此来预测，到什么时候技术会发展到几
乎无限的水平或者到达某个重要的质变拐点。还有一些人，
包括微软联合创始人、慈善家兼艾伦脑科学研究所创始人保
罗·艾伦则更谨慎一些，认为他们用来预测日期的证据是不
够的[6]。一个名为 Acceleration Watch 的网站对诸多预测进行
了总结，结论是：奇点会发生在 2030—2080 年之间[7]。人类
未来研究所（Future of Humanity Institute）参与了一项更学术
也更娱乐化的调查，研究了关于人类水平人工智能的预测，
总结道："专家对人工智能发展时间线的预测一般是靠不住的，
这个结果符合过去对专家能力的研究。"[8]

一般来说，对这些预测的批评主要是认为它们只不过是华而不实的虚晃一招。批评者认为，它们只是从精心挑选的数据中凭空召唤出趋势，又或者只是寄希望于美其名曰"定律"，但其实根本算不上什么定律的规律，只要它与曲线拟合就行，比方说摩尔定律。摩尔定律就是一个用指数曲线来进行预测的例子。如果在一个序列中，下一个数字是前一个数字的几次幂，那这个序列中的数字就会发生数量级的扩张。幂可以很小，例如，在你计算复利的时候，如果利率为 5%，那每期总量只相当于上一期的 1.05 倍。但有时，幂也可以很大，例如，芯片上的晶体管数量每一两年就翻一番（这就是摩尔定律）。

在对指数型增长的效果进行预测方面，人们非常差劲。你可能听过那个寓言：一个智者向国王提出了一个简单的要求，每天在棋盘的一个格子中给他一些米粒，数量是前一天的两倍，直到棋盘的格子用完。大约在棋盘用到一半的时候，国王就发现自己被忽悠了，要砍智者的头。人们不擅长于思考指数曲线的原因主要是因为我们在自然界很少遇到它们。每个周期进行翻番的问题在于，上个周期增添的数量相当于本周期总数的一半。因此，只要你对周期或者指数的选择略有不同，你的预测就会远远脱靶，大相径庭。为了说明这一点，请想象一下用一个指数过程来填满密歇根湖。假设初始状态是 1 加仑水，第二天变成 2 加仑，接下来变成 4 加仑，以此类推。猜猜看，多久能把密歇根湖填满？你可能会有点惊讶，总共需要两个月才能完成。但是，即便到了填满之日前的一个星期，它依然看起来空空如也，还不到 1% 那么满呢。

诚然，人工智能技术已经取得了长足的进步，但有一个事实依然没有改变，机器智能的许多进步都是硬件能力提升的结果。而在软件方面，我们主要是在对各种老点子进行边边角角的修补，其实并没有多少真正新鲜的东西；相反，我们在工具箱中越挖越深，总是试图复活或改进那些已有几十年历史的老技术。虽然按某些标准看，计算机的智能水平依然会持续提升，但我们远不能肯定地断言计算机硬件还会以指数形式毫不减弱地继续增长 30 多年。

然而，在这里我还是要为预言家辩护一下。我必须承认，他们引用来支持自己理论的资料确实不假。并且，他们的一些判断，无论其猜测程度有多高，也确实是讨论该话题的合理前提。关于这些莫衷一是的专家意见，有一个中庸的看法认为，如果奇点真的会到来，那它很可能不会出现在近期，而会发生在遥远的未来。并且，在它发生之前，将出现许多警示的预兆。因而，到那个时候，假如我们终于相信它真的会发生，那我们也会有足够的时间来拨乱反正。

是否应该担心超级智能的失控

我认为，这个可能性相当遥远，猜测程度太高，不值得给予它如此广泛的关注。与大多数人工智能话题一样，机器变得能力超强以至于威胁到人类的想法随处可见，耸人听闻，它获得的公众讨论热度远超出了它应得的程度。我的观点与我的个人经历有关，因为我曾经参与设计和建造与人工智能有关的实际产品。其他人的观点当然也值得认真对待和思考。即便如此，我还是想谈一谈我的怀疑从何而来。以下就是我的理由。

我曾经解释过，当人们试图为人工智能下一个定义时，存在许多似是而非的智力测量方法。俗话说，一个手握锤子的人总觉得所有东西都很像钉子。并且，线性尺度容易令人产生一种精确和客观的错觉。例如，请想一想，说"布拉德·皮特比基努·里维斯帅 22.75%"是什么意思？虽然说"某些人比其他人长得好看"的意思是明确的，但吸引力是否可以用线性尺度来建模，这个问题并不清晰。皮特在某些人的眼里或许是比里维斯好看，但是否可以用数字来测量二者的差异是值得商榷的。同样地，将智能的发展过程描绘成图表中的一条线并以此来预测它的未来走向，这种过于简化的模型极有可能是徒劳无功的，并且可能会误导我们做出错误的决策。

要确定曲线的趋势最终延伸向何方，有一个问题。一个看起来以指数形式增长的曲线也很可能会趋向平稳，并收敛于一个极限值，这一曲线也被称为渐近线。无论我们如何对智力进行思考和测量，它的曲线永远增长的可能性很小，或者，它的结果很可能服从收益递减的规律。

若想理解我为什么倾向于认为人工智能带来的利益可能是有限的，那么请为谷歌搜索算法假想一个未来。假如谷歌的搜索任务不是由计算机，而是由某个了不起的人类完成的，毫无疑问，我们肯定会认为他拥有某种超人的能力，才能掌握这么多知识。和人们假想中的未来超级智能一样，谷歌搜索算法也是一个自我改进的系统。它的机器学习算法能根据用户查阅搜索结果后的行为，不断地调整和更新搜索结果。

你可能已经注意到了，谷歌搜索并不只是像之前那样简单地列出网页搜索结果，有时候它还能收集信息、调整格式，并直接告知你答案。现在，请为谷歌想象一个神奇的未来，在这个未来中，谷歌搜索达到了理论上最快的速度和最高的精确度，能够在人类的整个历史记录中提取知识，迅速生成令人信服的准确答案，并独具洞察地满足你特殊的需求。随着时间流逝，它学会了回答越来越主观的问题，生成的答案看起来也越来越高深和睿智，而不仅仅是陈述事实。例如，我应该申请什么大学？我应该送心上人什么样的情人节礼物？

人类什么时候会灭绝？结合其迅速优化的对话能力，谷歌或者类似的工具很可能会成为每个人都信赖的人生顾问。有了这个惊人的服务，你只需动动手指，就能获得丰富的智慧和知识。它或许会成为人们日常生活中不可或缺的工具。

假设上一段假想的情形变成现实，我们是否处在失控的危险中？这些自我进化的算法是否会给人类带来无法预料的不良后果？我认为不会。它或许算得上通用人工智能，但说到底，它能做的事依然只是回答你的问题。它会不会想要竞选总统？它会不会以人类为代价保证自己长生不死？它会不会认为生物的生命形态太低效，因此需要都消灭掉？我个人的观点是，我不认为人工智能会从有用的工具跳到危险的控制狂，除非有人蓄意推动这一过程或者我们自己允许这一切发生。

机器或许能够自行树立和调整自己的目标，但这种能力从本质上受限于它们设计之初的根本目标。一台被设计用来叠衣服的机器无论多么精巧，多么能适应不同的环境，都不会突然决定要去挤牛奶。但是，一台被设计用来不择手段维持自身存在的机器却可能发展出违背它创造者意愿的策略和目标，包括消灭人类。正如老话所说，许愿需谨慎，因为你可能会得偿所愿。

这并不是说，智能系统不会因为设计差劲而导致各种破坏性的意外后果。但这属于工程事故，不能算宇宙进化中一个不可避免和不能预料的步骤。简而言之，机器不是人类，至少就目前来看，没有理由相信它们会突然跨越一个看不见的临界值，从此开始自我进化并发展出独立的目标、需求和本能，并绕过我们的监督，颠覆我们的控制。相比之下，工程事故的危险性可能更大。为了充分利用新技术带来的巨大好处，我们需要委曲求全地接受拙劣的设计可能导致的可怕后果，正如今天的我们每年都要忍受成千上万的车祸亡故，以此为代价换来驾驶私家车的方便性一样。

逃脱和发狂

系统变得危险的可能性是存在的，甚至在今天也有这样的例子。计算机病毒的作者有时就会失去对病毒程序的控制。想要清除这些错误程序是极端困难的，因为它们会不断地自我复制，并像发狂的连锁信（chain letters）一样在计算机网络中扩散。比特币这类虚拟货币的生态系统就不受政府对货币的惯常控制（在这方面，它们不受任何权威机构的控制）。它们或许会被视为违法，但只要它们能满足其追随者的需求，就很难被彻底清除。

那么，类似的事如果发生在人工智能中会是什么样？与为特殊目标而专门设计的系统不同，这种系统的特征是自动性、自主性和适应性。许多人工智能的目的是让它们可以在无人干预或监管的情况下运行，能够独立做决定和适应变化。如果在设计时，系统的能力与运行边界不匹配，那么它就完全有可能逃脱控制，并造成巨大的损失。举一个简单的例子，今天市售的无人机有一个明显的风险，就是会失去与操控者的联系。大多数无人机在设计时都考虑了这个问题，让它可以探测自己是否已脱离通信；如若脱离，就自动飞回原点。但是，考虑到无人机可能会迷失方向和丢失，进而造成人身或财产损失，美国现在对无人机牌照的发放开始实行更严格的控制。

但是，技术或设计故障的出现并不是人工智能摆脱控制的唯一途径：它还可以蓄意这么做。许多企业家为了保护自己的遗产，诉诸于信托基金或遗产规划这样的法律手段，以此来保证他们的后代不会在他们死后破坏或解散他们一手打造的公司。人们完全可以用同样的方法来对待智能机器。

我在斯坦福大学教一门关于人工智能伦理及影响的课程。在课上，我给学生讲了 Curbside Valet 公司的故事。这是一家虚拟的公司，其创始人不幸遭遇了一场事故 [9]。故事的开始是说，他设计了一种机器人行李员。他以此为傲，因为这些机器可以解放旅客的双手。他与旧金山机场签订了合同，规定旅客可以在机场使用他公司提供的这种可爱的流动小车来值机。只要把行李放在一个带锁的舱体中，小车就能自动把行李送到航班上。当电池电量低时，小车会自行寻找充电插座，一般会选择下班后躲在一个隐蔽而黑暗的角落里，插入插座里充电。如果发现错误，它们会向合同约定的维修店发送诊断信息和精确位置，以便执行现场维修。小车的收入会自动存入一个 PayPal 账户。该账户会对维修等服务产生的电子收据做出响应，自动扣除维修费用和其他花销。当利润超过一定的临界值时，超出的部分会用来订购更多的机器人行李员。

在一次自行车交通事故中，该公司创始人不幸离世。之后，机场小车系统继续维持了许多年。直到有一年，另一座离城区更近、交通更方便的小机场抢走了旧金山机场的大部分生意，导致这座旧机场关闭了。最终，旧机场的电力也被切断了。这使得机器小车只能冒险在夜间去更远的地方寻找充电插座。一开始，居住在附近圣布鲁诺市的居民觉得这些半夜跑到人们车库外面充电的带轮小车十分可爱，但最终，疯涨的电费、被吓坏的宠物和被踩坏的花园让居民忍无可忍，只好雇用了一些警察在夜间巡逻，收集这些机械入侵者并将它们处理掉。

这个虚构的故事说明了一种可能的情形：人工智能自动化设备或许能运行很久，以至于超出它当初被设计时规定的用

途和边界，造成意料之外的混乱。你可能已经注意到了，它远达不到奇点信徒担忧的那种广泛的感知能力。

最小化未来的风险

今天，我们能做的事情就是为人工智能的发展和测试建立职业标准与工程标准。我们应当要求人工智能研究者说清楚产品未来的作业范围，并附加补救手段，以便在超出范围时挽回损失。也就是说，能力和自主性足够强大的人工智能应当能够对环境进行监控，分析自己是否处在设计者定下的边界之内，或者传感器是否接收到了无法解读或自相矛盾的信息。如果出现这些情况，它们应当启动"安全模式"来最小化不良后果，例如，关机，并通知恰当的监管人员或监管系统。不过，关机不一定总是最安全的手段。举一个实际的例子，请想象一台只允许在某方形区域内割草的自动除草机。如果它发现自己来到了一片碎石地面上，或者检测到自己刀下的东西从草变成了花，那此时它应当停下来，发出信号请求帮助或者等待进一步指令。

政府机构向人工智能颁发许可证也可以作为一个安全机制。比如说，机器人律师必须通过律师资格证考试，无人驾驶汽车必须通过驾照考试，理发机器人需要拿到美容师执照，诸如此类。当然了，人与机器面临的考试应该不同，但是，用协商一致的标准来判断某个个体是否被允许从事某些活动，这有助于我们将劣质或出错的程序和设备清除出去，同时也提供了一种能够撤回运营权的标准化机制。

此外，还有一个需求，即便在今天也同样需要，那就是制定一套易于通过计算的形式来处理的伦理理论和原则，作为出现异常情况时的备用方案，或者作为一种减轻不良后果的附加方法。我们在设计机器人时或许会禁止它冲撞行人，但是，假如遇到设计者未能预见到的情况，例如有个人决定跳上无人驾驶汽车的车顶，该怎么办呢？这时候，一个"任何情况下都不能危及人身安全"的简单原则就能帮助它们做出正确的选择。那辆被人跳上车顶的无人驾驶汽车或许就能合理地推断出，它应当不予理会，继续前行。这并不是说，机器必须真正地恪守道德规范；它们只需要用道德上可接受的方式来行事就可以。

这个行为要求从纯粹的道德领域延伸到了社会领域。我们希望机器人在地铁上把座位让给人类乘客，希望它们在等候时能自觉排队，在他人需要时分享有限的资源，并且能够意识到自身行为所处的社会情境。在下一代人工智能"出笼"之前，我们必须保证它们尊重我们的习俗与惯例，因为人类世界需要文明的机器人。

让机器具备"情感"

无论机器是否真的有感觉,我们都可以创造出看似能表达情绪的机器。情感计算(affective computing)是计算机科学的一个子领域,旨在识别和生成人类情感[10]。这种技术有利有弊。

从积极的角度看,情感系统能增进人机交互(Huma-Computer Interaction,简称 HCI)。如果一个系统能感知人类情绪并做出正确的回应,那它就能够让人与计算机的交流变得更加顺畅和自然。这对双方都有好处:这个系统分析心理状态的能力在解读用户意图上具有极大的价值。此外,它表达情绪的能力(例如困惑、好奇或同情)能增进人与系统交流时的舒适程度,更不用说,它还允许人们以一种熟悉并容易理解的方式交流重要信息。

但是,情感计算的潜力远不只是提高计算机的效率而已。它们还能充当研究人类情感的实验平台,增进我们对人类心理的理解,比方说,根据某些线索,人类如何用本能来判断一个活动物体是否具备行为体(agency),以及它是敌是友。该领域有一个经典作品,极具表现力的机器脑袋 Kismet,它是由麻省理工学院的辛西娅·布雷西亚(Cynthia Breazeal)于 20世纪 90 年代晚期开发出来的[11]。它被设计出来的目的是像一个孩子那样参与社交。它能够对人类的语言和举止做出恰当的回应。（它并不"理解"话中的意思，只是提取了其中的情感要素。）它可以通过头部、眼睛、嘴唇、眉毛和耳朵的运动来表达高兴、惊讶、失望、羞愧、感兴趣、兴奋和害怕等情绪。后来，计算机科学家大卫·汉森（David Hanson）制作了一些拟人的人形机器人，模拟的人物包括阿尔伯特·爱因斯坦和科幻作家菲利普·K.迪克（Phillip K. Dick）。汉森过去是一位杰出的艺术家，后来转行成为一名计算机科学家。他制作的这些机器人除了在外形上与人物相似之外，还能够做出各种表情，简直逼真得吓人[12]。

还有许多项目尝试在人脸上识别出情绪（或其他线索），然后在虚拟化身（人脸或类似人脸的图片）上表达出同样的情绪。在一些情绪敏感的任务中（例如帮助罹患创伤后应激综合征 [posttraumatic stress syndrome] 的退伍军人重整心态，以回归文明社会），用能感知情绪的虚拟人物实施心理辅导是相对简单和安全的方式。这种简单性和安全性能消除与真人心理医师直接互动时可能产生的紧张感，还能降低成本。美国国防部下属的研究机构 DARPA 就在南加州大学资助了这样一个项目：一个名为埃莉的虚拟治疗师通过与军人聊天来识别他们的心理问题，结果准确得惊人[13]。

正如我在第 3 章所说，很长时间以来，玩具行业一直在尝

试将一定程度的智能整合到机械装置中，好让它们看起来似乎具备感知情绪和表达情绪的能力。无论是孩之宝的 Furby，还是索尼广受欢迎的机器狗 AIBO，这些逗人喜爱、友善有礼的玩偶激发了我们赋予物体"行为体"的本能倾向，成功地激起了儿童和成人的情绪反应，并通过一些知觉线索与人建立起了友谊关系 [14]。

但是，让机器人表达"仿制"的情绪，具有极大的危险。如果一台极其擅长表达感情的机器人诱导我们做出有损自身利益的事情，也就是说，利用我们的利他冲动，让别人的需求凌驾于我们自己的需求之上，那么，就可能导致各种各样的社会混乱。人类将非生物人格化的冲动是如此之强，特别是当它们表现得依赖我们或者满足我们的某些情感需求时。一个著名的例子就是汤姆·汉克斯（Tom Hanks）主演的电影《荒岛余生》（*Castaway*），生动而简洁地表现了这种危险 [15]。为了在一座荒无人烟的孤岛上度过与世隔绝的日子，电影主角把一个被冲上海滩的排球想象成虚拟的朋友，并以排球的品牌为它起名叫威尔逊。在他被解救的过程中，排球漂走了，他不顾生命危险也要将它救起。但从另一个方面说，为婴儿或老人创造出能表达关怀、耐心、忠诚等典型情感的电子保姆或者电子护工或许是合适的，也符合人们的需要。

"罐头里的爷爷"

有时候，某些技术在刚诞生时会引起一些人的担忧和警觉，但在未来却通常被下一代人广为接受和习以为常。比如说，电视机对家庭生活的入侵、试管婴儿，以及更近期的社交媒体对友情和亲情的无情颠覆。

如果人们会对扫地机器人 Roomba 产生依恋的感情，那么，如果一个计算机程序会在沮丧时给你安慰、疼爱你、给你职场建议，年幼时照顾你、耐心教导你，逗你开心、保护你不受伤害，那它与人之间会产生情感纽带可能就是不可避免的事。我们相信，爱的感觉是进化的结果，其目的是为了将我们与所爱之人联系在一起。今天的我们或许会认为，对智能机器产生感情显然是一种错位，是对这种爱的感觉的不当绑架。然而，未来的人们可能会认为，对智能机器产生情感依恋不仅是合理的，而且是正当的。

许多电影都探讨了机器能否拥有意识或者能否体验感情。在回答这个问题时，这些电影通常都会指出，除了机器之外，你也不能保证其他人类也拥有意识和感情，你只能依赖他们的行为来进行判断。（这并不完全正确，但对电影的戏剧表现力来说足够了[16]。）正如今天许多人认为无论我们是否相信动物拥有意识或自知之明，我们都有道德义务让它们表现自己的天性一样，在未来我们或许也会将自动化智能系统视为一种与我们不同的新生命形式，值得拥有某些权利。毕竟，我们与它们的关系可能比主奴关系更具备共生性，有点类似我们与一些服务型动物的关系，例如驮马和警犬，它们的力量和感官都比我们强大。

然而，最重要的问题并不是我们的子孙到底相不相信机器拥有意识，而是他们是否会认为它们值得被纳入我们的伦理考量之内。如果我们与某种新的智能机器"人种"同时存在，到那个时候，或许我们的后代会觉得，既然我们能将道德礼遇延伸到其他人身上，那也理应将同样的道德礼遇延伸到某些非生物上，而无论它们内部的心理成分是什么样。

今天，称某人为"人道主义者"是一种恭维。然而，等到智能机器完全融入社会的时候，这个词最终可能会像今天的"种族主义者"一样，变成一个贬义词。

这是科幻作品的常见主题。当你清醒谨慎地审视它时，你会发现，它与你预想的不太一样。一个世纪以前，人们只能通过传说、记忆或肖像画来谨记自己的祖先。近年来，音频和视频录制技术为人们提供了更为细致与生动的记录。如果我们在神经层面上在机器中复制自己，那复制品算是我们吗？抑或是某个与我们相似的东西？让我们先来实事求是地看看它的本质是什么：**它是一台复制了我们的记忆和至少一部分精神特征与智力特征的机器。**

把它等同于"我们"，或许会让人恍惚觉得我们逃脱了死亡的魔掌，但事实却并非如此。电子形式的永生带来的慰藉，比古埃及金字塔中的木乃伊好不了多少。但未来的人们或许并不会将它视为活着的亲戚，而是珍藏的家族圣经，留待特殊的时刻寻求睿智的建议用。

从另一个角度看，它或许会带给你舒适和连续的感觉，足以让你将其视为"你自己"，特别是当你已到垂暮之年时，这种感觉显然比死亡舒服多了。

在《星际迷航》中，"进取"号飞船上有一种传送装置，当船员轻松地踏进去后，这台机器就会销毁船员的实体肉身，然后在目的地用新材料重新组装出一个相同的船员来。或许，未来的人们会认为，把自己上传到计算机里不是什么大不了的事情，就像换发型一样司空见惯。除非原始版本没能如期销毁，这时就会出现两个相同的人，都声称自己才是正确的那一个。

多年以后，恐怕你的子孙不会喜欢和"罐头里的爷爷"一起去看电影和吃冰激凌；很可能，罐头里的那个物体除了痛苦之外，什么也体会不到，因为它缺乏适当的生物容器来体

验世界，如果"体验"对电子形式来说有意义的话。这个未来的结合体会失去活下去的意志吗？它会不会被永远遗弃在虚拟世界的养老院中，无止境地在网上闲聊？如果在未来几百年里，它还会继续产生记忆和经历，这与原来那个仙逝多年的人是否有关系？它是否应该继续用子孙的钱来占有它的房产？如果出现了多个副本，或者在更遥远的未来出现了以生物形式复活人体的技术，它应该如何主张自己的合法性？

对我个人来说，我希望我永远不需要面对这些担心。

01 重新定义人工智能

1　J. McCarthy, M. L. Minsky, N. Rochester, and C. E. Shannon, "A Proposal for the Dartmouth Summer Research Project on Artificial Intelligence," 1955, http://www-formal.stanford.edu/jmc/history/dartmouth/dartmouth.html.

2　Howard Gardner, *Frames of Mind: The Theory of Multiple Intelligences*, New York, NY: Basic Books, 1983.

3　井字棋的棋局总数最多为 9 的阶乘（9! = 362 880），但是许多棋局在棋盘填满之前就结束了。如果你将所有对称和循环都考虑进去，这个列表会骤减。其中，先发者胜的棋局为 13 891 个，后发者胜的为 44 个，平局为 3 个。所以，你最好抢占先手。

4　将案例或解决办法的集合——列举出来的方法被称为"外延式"（extensional）；而用描述的方式来定义集合的方法被称为"内涵式"（intensional）。

5　Diego Rasskin-Gutman, Deborah Klosky (translator), *Chess Metaphors: Artificial Intelligence and the Human Mind*, Cambridge, MA: MIT Press, 2009.

6　J. A. Wines, *Mondegreens: A Book of Mishearings*, London: Michael O'Mara Books, 2007.

7　Henry Lieberman, Alexander Faaborg, Waseem Daher, José Espinosa, "How to Wreck a Nice Beach You Sing Calm Incense," MIT Media Laboratory, in *Proceedings of the 10th International Conference on Intelligent User Interfaces*, New York: ACM, 2005, 278–280. 令人啼笑皆非的是，我很怀疑这个例子可以用除英语外的其他语言来表达。如果你读的是中文版本，而这段话对你来说完全莫名其妙，请记住，翻译这个例子是不可能完成的任务，译者已经尽力了。

8　Claude Elwood Shannon, "A symbolic analysis of relay and switching circuits," master's thesis, Dept. of Electrical Engineering, Massachusetts Institute of Technology, 1940.

9　更准确地说，一个理论必须能够用证伪（falsification）而非证实（verification）的方式来检验，才能被看作硬科学。例如，参见：http://www.amazon.com/Logic-Scienti c-Discovery-Routledge-Classics/ dp/0415278449/。

10 Peter Lattman，"The Origins of Justice Stewart's 'I Know It When I See It,'" September 27, 2007, LawBlog, *Wall Street Journal Online*. Or see 378 U.S. 184，1964.

11 John Philip Sousa, "The Menace of Mechanical Music," *Appleton's* 8 (1906), http://explorepahistory.com/odocument. php?docId=1-4-1A1.

12 参见：http://www.amazon.com/What-Computers-Still-Cant-Artificial/dp/ 0262540673。

13 参见：http://www.makeuseof.com/tag/6-human-jobs-computers-will-never-replace/。

14 关于预测战争，请参见：H. Hegre, J. Karlsen, H. M. Nygård, H. Strand, and H. Urdal, "Predicting Armed Conflict, 2010–2050," *International Studies Quarterly* 57 (2013): 250–270, doi: 10.1111/isqu.12007, http://onlinelibrary.wiley.com/doi/10.1111/isqu.12007/full。

15 本书撰写之时，已存在一些程序可以写出看似合理的小说。参见：http://www.businessinsider.com/novels-written-by-

computers-2014-11。

16 一个简短的概览，请参阅"数据库系统简史"：http://www.comphist.org/computing_history/new_page_9.htm。实际上，关系数据库是数学形式系统（关系理论）的另一个例子，为某个特殊的工程实践领域提供了坚实的理论基础。

17 参见：http://en.wikipedia.org/wiki/Statistical_machine_translation。

02 人工智能的从 0 到 1

1　J. McCarthy, M. L. Minsky, N. Rochester, and C. E. Shannon, "A Proposal for the Dartmouth Summer Research Project on Artificial Intelligence," 1955, http://www-formal.stanford.edu/jmc/history/dartmouth/dartmouth.html.

2　John McCarthy, June 13, 2000, review of *The Question of Artificial Intelligence* (1961), edited by Brian Bloomfield, on McCarthy's personal website at http://www-formal.stanford.edu/jmc/reviews/bloomfield/bloom eld.html. 在这篇评论中，麦卡锡说："对我来说，发明'人工智能'这个词的原因之一是为了避免和'控制论'联系起来。它对模拟反馈的聚焦似乎有些误入歧途，同时，我既不想接受诺伯特·维纳（Norbert Wiener）作为领袖，也不想同他争辩。"我非常感激《纽约时报》的约翰·马尔科夫（John Markoff）让我注意到这个来源。

3   McCarthy et al., "A Proposal for the Dartmouth Summer Research Project."

4   同上。

5   实际上，对人工智能的敌意一直到今天还存在。本书提案的一位评论者（他差点让本书无法出版）这么说道："这只不过又是一个人工智能狂热者写出的信手拈来、操之过急、傲慢自大的代表作，就像过去出版的那些一样……如果作者希望他的读者知道'关于人工智能的一切'，那么他就只应该把自己限制在那些已经实现的范围内，而别写那些他预测可能会实现的东西……人工智能界在预测智能系统未来能做什么这方面可谓臭名昭著……我不建议以目前的形式出版。"

6   Samuel Arthur, "Some Studies in Machine Learning Using the Game of Checkers," *IBM Journal* 3, no 3 (1959): 210–229.

7   Allen Newell and Herbert A. Simon, "The Logic Theory Machine: A Complex Information Processing System," June 15, 1956, report from the Rand Corporation, Santa Monica, CA, http://shelf1.library.cmu.edu/IMLS/MindModels/logictheorymachine.pdf; Alfred North Whitehead and Bertrand Russell, *Principia Mathematica*, Cambridge: Cambridge University Press, 1910.

8   A. Newell and H. A. Simon, "GPS: A Program That Simulates

Human Thought," in *Lernende automaten*, ed. H. Billings (Munich: R. Oldenbourg, 1961), 109–124. 另请参阅：G. Ernst and A. Newell, *GPS: A Case Study in Generality and Problem Solving*, New York: Academic Press, 1969。

9   Hubert L. Dreyfus, "Alchemy and Artificial Intelligence," December 1965, report from the Rand Corporation, P-3244, http:// www.rand.org/content/dam/rand/pubs/papers/2006/P3244.pdf.

10 Hubert L. Dreyfus, *What Computers Can't Do: The Limits of Artificial Intelligence,* New York: Harper & Row, 1972, 100.

11 "Shakey," SRI International Artificial Intelligence Center, http:// www.ai.sri.com/shakey/.

12 Terry Winograd, "Procedures as a Representation for Data in a Computer Program for Understanding Natural Language," MIT AI Technical Report 235, February 1971. 关于威诺格拉德为什么给他的程序命名为 SHRDLU，有一个好玩的解释，请参阅：http://hci.stanford.edu/winograd/shrdlu/name.html。

13 为了方便，这段对话是从维基百科的 SHRDLU 词条（http:// en.wikipedia.org/wiki/SHRDLU）中复制过来的，但威诺格拉德的博士论文中还包含许多其他例子（例如，"程序作为数据的表征"）。

14 想要深入了解人工智能和 HCI 的历史关系，请参阅：John Markoff, *Machines of Loving Grace: The Quest for Common Ground between Humans and Robots*，New York: Ecco, 2015。

15 Carl Hewitt, "PLANNER: A Language for Proving Theorems," MIT Computer Science and Artificial Intelligence Laboratory (CSAIL) A.I. memo 137 (1967), ftp://publications.ai.mit.edu/ai-publications/pdf/AIM-137.pdf.

16 Allen Newell and Herbert Simon, "Computer Science as Empirical Inquiry: Symbols and Search," 1975 ACM Turing Award Lecture, *Communications of the ACM* 19, no. 3 (1976), https://www.cs.utexas.edu/~kuipers/readings/Newell+Simon-cacm-76.pdf.

17 https://oi.uchicago.edu/research/publications/oip/edwin-smith-surgical-papyrus-volume-1-hieroglyphic-transliteration.

18 我自己也是一家专家系统公司的联合创始人。这家公司名为 Teknowledge，于 1984 年上市，一直到 2005 年都比较活跃。

19 Frederick Hayes-Roth, Donald Waterman, and Douglas Lenat, *Building Expert Systems* (Boston: Addison-Wesley, 1983), as summarized at http://en.wikipedia.org/wiki/Expert_system.

20 http://www.fico.com/en/latest-thinking/product-sheet/fico-blaze-advisor-business-rules-management-product-sheet.

21 若想阅读更多信息，请参见斯坦福大学逻辑团队的迈克尔·杰纳西瑞斯（Michael Genesereth）的通用棋类游戏网站：http://games.stanford.edu。

22 Quoc V. Le, Marc'Aurelio Ranzato, Rajat Monga, Matthieu Devin, Kai Chen, Greg S. Corrado, Jeffrey Dean, and Andrew Y. Ng, "Building High-Level Features Using Large Scale Unsupervised Learning," （这篇论文发表于 2012 年在爱丁堡举行的第 29 届机器学习国际会议期间）, http://research.google.com/archive/unsupervised_icml2012.html。

23 Kaiming He, Xiangyu Zhang, Shaoqing Ren, and Jian Sun, "Delving Deep into Rectifiers: Surpassing Human-Level Performance on ImageNet Classification," February 6, 2015, http://arxiv.org/abs/1502.01852.

24 Warren McCulloch and Walter Pitts, "A Logical Calculus of Ideas Immanent in Nervous Activity," *Bulletin of Mathematical Biophysics* 5, no. 4 (1943): 115–133, 130, http://deeplearning.cs.cmu.edu/pdfs/McCulloch.and.Pitts.pdf.

25 "New Navy Device Learns by Doing: Psychologist Shows Embryo of Computer Designed to Read and Grow Wiser," *New York Times*, July 8, 1958, http://timesmachine.nytimes.com/timesmachine/1958/07/08/83417341.html?pageNumber=25.

26 http://en.wikipedia.org/wiki/Perceptrons_(book).

27 Marvin Minsky and Seymour Papert, *Perceptrons: An Introduction to Computational Geometry*, 2nd ed., Cambridge, MA: MIT Press, 1972.

28 http://en.wikipedia.org/wiki/Frank_Rosenblatt.

29 阅读案例请参阅：W. Daniel Hillis, *The Connection Machine*, MIT Press Series in Artificial Intelligence, Cambridge, MA: MIT Press, 1986。

30 Paul A. Merolla, John V. Arthur, Rodrigo Alvarez-Icaza, Andrew S. Cassidy, Jun Sawada, Filipp Akopyan, Bryan L. Jackson, Nabil Imam, Chen Guo, Yutaka Nakamura, Bernard Brezzo, Ivan Vo, Steven K. Esser, Rathinakumar Appuswamy, Brian Taba, Arnon Amir, Myron D. Flickner, William P. Risk, Rajit Manohar, and Dharmendra S. Modha, "A Million Spiking-Neuron Integrated Circuit with a Scalable Communication Network and Interface," *Science*, August 2014, 668–673, http://www.sciencemag.org/content/345/6197/668.

31 Joab Jackson, "IBM's New Brain-Mimicking Chip Could Power the Internet of Things," IDG News Service, August 7, 2014, http://www.pcworld.com/article/2462960/ibms-new-brain-chip-could-

power-the-internet-of-things.html.

32 阅读案例请参阅：Kerri Smith, "Brain Decoding: Reading Minds," *Nature*, October 23, 2013, 428–430, http://www. nature.com/polo-poly_fs/1.13989!/menu/main/topColumns/ topLeftColumn/pdf/502428a.pdf。

33 No Lie MRI: http://www.noliemri.com/index.htm.

34 "Knowledge Representation and Reasoning: Integrating Symbolic and Neural Approaches," AAAI Spring Symposium on KRR, Stanford University, CA, March 23–25, 2015, https://sites.google. com/site/krr2015/. 特别地，如果你想了解发表该研讨会上的论文的概况，请参阅：Artur d'Avila Garcez, Tarek R. Besold, Luc de Raedt, Peter Földiak, Pascal Hitzler, Thomas Icard, Kai-Uwe Kühnberger, Luis C. Lamb, Risto Miikkulainen, and Daniel L. Silver, "Neural-Symbolic Learning and Reasoning: Contributions and Challenges," http://www.aaai.org/ocs/index.php/SSS/SSS15/ paper/viewFile/10281/10029。

35 Jie Tan, Yuting Gu, Karen Liu, and Greg Turk, "Learning Bicycle Stunts," *ACM Transactions on Graphics* 33, no. 4 (2014), http:// www.cc.gatech.edu/~jtan34/project/learningBicycleStunts.html.

36 "IEEE P1850—Standard for PSL—Property Specification

Language," December 9, 2007, http://ieeexplore.ieee.org/xpl/ freeabs_all.jsp?arnumber=4408637.

37 Nate Kushman, Yoav Artzi, Luke Zettlemoyer, and Regina Barzilay, "Learning to Automatically Solve Algebra Word Problems," in *Proceedings of the 52nd Annual Meeting of the Association for Computational Linguistics*, vol. 1, *Long Papers* (2014), 271–281, http://people.csail.mit.edu/nkushman/papers/ acl2014.pdf.

38 Omid E. David, H. Jaap van den Herik, Moshe Koppel, and Nathan S. Netanyahu, "Genetic Algorithms for Evolving Computer Chess Programs," *IEEE Transactions on Evolutionary Computation* 18, no. 5 (2014): 779–789, http://www.geneticprogramming.org/ hc2014/David- Paper.pdf.

39 Matthew L. Ginsberg, "Dr.Fill: Crosswords and an Implemented Solver for Singly Weighted CSPs," *Journal of Artificial Intelligence Research* 42 (2011): 851–886.

40 一本精彩又严谨的著作，参见：Nils J. Nilsson, *The Quest for Artificial Intelligence*, Cambridge: Cambridge University Press, 2009。

41 Feng-hsiung Hsu, *Behind Deep Blue: Building the Computer That*

Defeated the World Chess Champion, Princeton, NJ: Princeton University Press, 2002.

42 International Computer Games Association, http://icga.leidenuniv.nl.

43 http://en.wikipedia.org/wiki/Computer_chess.

44 Steve Russell, "DARPA Grand Challenge Winner: Stanley the Robot!" *Popular Mechanics*, January 8, 2006, http://www.popular-mechanics.com/technology/robots/a393/2169012/.

45 John Markoff, "Crashes and Traffic Jams in Military Test of Robotic Vehicles," *New York Times*, November 5, 2007, http://www.nytimes.com/2007/11/05/technology/05robot.html.

46 不过，我最近试驾了一款市场上可以买到的提供高速公路自动驾驶功能的汽车，特斯拉 Model S。等你读到这本书的时候，这个体验无疑已变得司空见惯。

47 http://en.wikipedia.org/wiki/Watson_(computer).

48 "IBM Watson Group Unveils Cloud-Delivered Watson Services to Transform Industrial R&D, Visualize Big Data Insights and Fuel Analytics Exploration," IBM press release, January 9, 2014, http://www-03.ibm.com/press/us/en/pressrelease/42869.wss.

49 阅读更多信息，请参见美国围棋协会网站：http://www.usgo.

org/what-go。

50 Choe Sang-Hun and John Markoff, "Master of Go Board Game Is
    Walloped by Google Computer Program," *New York Times,* March
    9, 2016.

03 人工智能四大前沿变现机遇

1   想阅读全面的综述，参见：Bruno Siciliano and Oussama Khatib
    (eds.), *Springer Handbook of Robotics*, New York: Springer
    Science+Business Media, 2008。我在写作本书时，有一个更新
    的版本预计将于 2017 年发布。

2   NASA 的哈勃太空望远镜航天任务，请参见：http://www.nasa.
    gov/mission_pages/hubble/servicing/index.html。

3   John Kelley, "Study: Hubble Robotic Repair Mission Too Costly,"
    Space.com, December 7, 2004, http://www.space.com/579-study-
    hubble-robotic-repair-mission-costly.html.

4   http://www.nasa.gov/mission_pages/mars/missions/index.html
    （最新更新于 2015 年 7 月 30 日）。

5   DARPA 战术技术办公室，DARPA 机器人挑战赛（DRC），参
    见：http://www.theroboticschallenge.org。

6   案例请参见：Sam Byford, "This Cuddly Japanese Robot Bear

Could Be the Future of Elderly Care," *Verge*, April 28, 2015, http://www.theverge.com/2015/4/28/8507049/robear-robot-bear-japan-elderly。

7　*Robot & Frank*, 2012, http://www.imdb.com/title/tt1990314/.

8　http://www.parorobots.com.

9　案例请参见：Sherry Turkle, *Alone Together: Why We Expect More from Technology and Less from Each Other*, New York: Basic Books, 2012。

10　https://www.aldebaran.com/en/a-robots/who-is-pepper.

11　Furby: http://www.hasbro.com/en-us/brands/furby; AIBO: https://en.wikipedia.org/wiki/AIBO.

12　http://www.irobot.com/For-the-Home/Vacuum-Cleaning/Roomba.aspx.

13　案例请参见：Pandey Nitesh Vinodbhai, "Manipulation of Sexual Behavior in Humans by Human Papilloma Virus," Indian Astro-biology Research Centre, http://vixra.org/pdf/1301.0194v1.pdf; 以及 Sabra L. Klein, "Parasite Manipulation of the Proximate Mechanisms That Mediate Social Behavior in Vertebrates," *Physiology & Behavior* 79, no. 3 (2003): 441–449, http://www.

sciencedirect.com/science/article/pii/S003193840300163X。

14 https://en.wikipedia.org/wiki/Amazon_Robotics（最近修改于2015 年月 18 日）。

15 http://www.robocup.org.

16 更多信息，请参见：the U.N. Lethal Autonomous Weapons Systems working group in Geneva, http://www.unog.ch/80256EE6 00585943/(httpPages)/8FA3C2562A60FF81C1257CE600393DF6 ?OpenDocument。

17 *A Compilation of Robots Falling Down at the DARPA Robotics Challenge, IEEE Spectrum* YouTube video, June 6, 2015, https:// www.youtube.com/watch?v=g0TaYhjpOfo.

18 http://www.image-net.org.

19 该区域有一个主要限制，那就是必须形成一个"度量"（metric）。通俗地讲，度量就是一个遵循"三角不等式"的数学空间：两点之间的最短通路是连接二者的直线；经过任何一个不在该直线上的点的通路都更长（更不直接）。

20 Cynthia Berger, "True Colors: How Birds See the World," *National Wildlife*, July 19, 2012, http://www.nwf.org/news-and-magazines/ national-wildlife/birds/archives/2012/bird-vision.aspx.

21　Marina Lopes, "Videos May Make Up 84 Percent of Internet Traffic by 2018: Cisco," Reuters, June 10, 2014, http://www. reuters.com/article/us-internet-consumers-cisco-systems-idUSKBN0EL15E20140610.

22　案例请参见: D. R. Reddy, L. D. Erman, R. O. Fennell, and R. B. Neely, "The Hearsay Speech Understanding System: An Example of the Recognition Process," in *Proceedings of the 3rd International Joint Conference on Artificial Intelligence* (Stanford, CA, 1973), 185–193 (San Francisco: Morgan Kaufmann Publishers Inc., 1973), http://ijcai.org/Past%20Proceedings/ IJCAI-73/PDF/021.pdf。

23　National Research Council, "Developments in Artificial Intelligence," in Funding a Revolution: Government Support for Computer Research, Washington, DC: National Academy Press, 1999, http://web.archive.org/web/20080112001018/http://www. nap.edu/readingroom/books/far/ch9.html#REF21.

24　http://www.nuance.com/index.htm.

25　John Markoff, "Scientists See Promise in Deep-Learning Programs," *New York Times*, November 23, 2012, http://www. nytimes. com/2012/11/24/science/scientists-see-advances-in-deep-learning-a-part-of-artificial-intelligence.html.

26 Thomas C. Scott-Phillips, "Evolutionary Psychology and the Origins of Language," *Journal of Evolutionary Psychology* 8(4) (2010):289–307, https://thomscottphillips.files.wordpress.com/2014/08/scott-phillips-2010-ep-and-language-origins.pdf.

27 Noam Chomsky, "Three Factors in Language Design," *Linguistic Inquiry* 36, no. 1 (2005): 1–22, http://www.biolinguistics.uqam.ca/Chomsky_05.pdf.

28 计算机语言执行的实际过程比此处描写的更微妙。一些被"编译"（compiled），即在执行之前，被翻译成了所谓的低级语言。还有一些是按需"解释"（interpreted）。

29 统计机器翻译的链接和介绍，请参见：http://www.statmt.org。

04 人工智能的哲学

1 Stuart Armstrong, Kaj Sotala, and Sean S. OhEigeartaigh, "The Errors, Insights and Lessons of Famous AI Predictions—and What They Mean for the Future," Future of Humanity Institute, University of Oxford, 2014, http://www.fhi.ox.ac.uk/wp-content/uploads/FAIC.pdf.

2 Karel Čapek and Claudia Novack-Jones, R.U.R. (*Rossum's Universal Robots*), New York: Penguin Classics, 2004.

3　Turing,A.M.(1950). "Computingmachineryandintelligence," Mind, 59, 433—460, http://www.loebner.net/Prizef/TuringArticle.html.

4　如果你听说过图灵测试的一个更加政治正确的版本，也就是一个机器试图说服人它是一个人，我建议你可以读一读图灵的原始论文。

5　图灵论文的第 6 节。

6　在数学中,研究这类符号及其规则系统的学科叫作 "抽象代数"（abstract algebra）。

7　R. Quillian, "Semantic Memory" (PhD diss., Carnegie Institute of Technology, 1966), reprinted in Marvin Minsky, *Semantic Information Processing*, Cambridge, MA: MIT Press, 2003.

8　想简单了解塞尔的观点，请参阅: Zan Boag, "Searle: It Upsets Me When I Read the Nonsense Written by My Contemporaries," *NewPhilosopher*, January 25, 2014, http://www.newphilosopher. com/articles/john-searle-it-upsets-me-when-i-read-the-nonsense-written-by-my-contemporaries/。

9　John Preston and Mark Bishop, eds., *Views into the Chinese Room: New Essays on Searle and Artificial Intelligence,* Oxford: Oxford University Press, 2002.

10 http://en.wikipedia.org/wiki/Free_will.

11 图灵的论证主旨是，计算机程序的数量就像整数一样多，但这些程序在一起可以做许多不同的事情，就像有理数那样多。然而，你不能用整数来计算有理数。Alan Turing, "On Computable Numbers, with an Application to the Entscheidungsproblem," *Proceedings of the London Mathematical Society*, Vol. s2–42, Issue 1, (1937): 230–265.

12 Sam Harris, *Free Will,* New York: Free Press, 2012.

13 Chun Siong Soon, Marcel Brass, Hans-Jochen Heinze, and John-Dylan Haynes, "Unconscious Determinants of Free Decisions in the Human Brain," *Nature Neuroscience* 11 (2008): 543–545, http://www.nature.com/neuro/journal/v11/n5/abs/nn.2112.html.

14 案例请参见: Antonio Damasio, *The Feeling of What Happens: Body and Emotion in the Making of Consciousness*, Boston: Harcourt, 1999。

15 Giulio Tononi, *Phi: A Voyage from the Brain to the Soul,* New York: Pantheon, 2012.

16 关于这个问题，有一篇精彩又简练的综述，请参见: Lynne U. Sneddon, "Can Animals Feel Pain?" http://www.wellcome.ac.uk/en/pain/microsite/culture2.html.

17　Peter Singer, *Animal Liberation*, 2nd ed., New York: Avon Books, 1990, page 10, http://www.animal-rights-library.com/texts-m/singer03.htm.

05　人工智能，以法律与伦理为界

1　The American Bar Association，http://www.americanbar.org/about_the_aba.html.

2　ABA Lawyer Demographics, http://www.americanbar.org/content/dam/aba/administrative/market_research/lawyer-demographics-tables-2014.authcheckdam.pdf.

3　ABA Mission and Goals, http://www.americanbar.org/about_the_aba/aba-mission-goals.html.

4　George W. C. McCarter, "The ABA's Attack on 'Unauthorized' Practice of Law and Consumer Choice," *Engage* 4, no. 1 (2003), Federalist Society for Law & Public Policy Studies, http://www.fed-soc.org/publications/detail/the-abas-attack-on-unauthorized-practice-of-law-and-consumer-choice.

5　Legal Services Corporation, "Documenting the Justice Gap in America: The Current Unmet Civil Legal Needs of Low-Income Americans," September 2009, http://www.lsc.gov/sites/default/files/LSC/pdfs/documenting_the_justice_gap_in_america_2009.pdf.

6　Steven Seidenberg, "Unequal Justice: U.S. Trails High-Income Nations in Serving Civil Legal Needs," *ABA Journal*, June 1, 2012, http://www.abajournal.com/magazine/article/unequal_justice_u.s._trails_high-income_nations_in_serving_civil_legal_need.

7　Keynote speech at Codex FutureLaw 2015, https://conferences.law.stanford.edu/futurelaw2015/.

8　John Markoff, "Armies of Expensive Lawyers, Replaced by Cheaper Software," *New York Times*, March 4, 2011, http://www.nytimes.com/2011/03/05/science/05legal.html?_r=0.

9　Annie Lowrey, "A Case of Supply v. Demand," *Slate Moneybox*, October 27, 2010, http://www.slate.com/articles/business/moneybox/2010/10/a_case_of_supply_v_demand.1.html.

10　U.S. Bureau of Labor Statistics, Occupational Outlook Handbook, Travel Agents, http://www.bls.gov/ooh/sales/travel-agents.htm.

11　*William R. Thompson et al.*, 574 S.W.2d 365，Mo. 1978，http://law.justia.com/cases/missouri/supreme-court/1978/60074-0.html. 这次诉讼是由密苏里律师协会咨询委员会提起的，旨在针对那些因反对被告在本州销售"离婚套装"而寻求禁令救济的个人或团体。

12 Isaac Figueras, "The LegalZoom Identity Crisis: Legal Form Provider or Lawyer in Sheep's Clothing?" *Case Western Reserve Law Review* 63, no. 4, 2013.

13 想要阅读在加州运营在线法律转介服务的要求，请参见: Carole J. Buckner, "Legal Ethics and Online Lawyer Referral Services," *Los Angeles Bar Association Update* 33, no. 12, 2013。

14 https://www.fairdocument.com.

15 A. R. Lodder and J. Zeleznikow, "Artificial Intelligence and Online Dispute Resolution," in *Enhanced Dispute Resolution through the Use of Information Technology*, Cambridge: Cambridge University Press, 2010, http://www.mediate.com/pdf/lodder_zeleznikow.pdf.

16 http://www.cognicor.com and http://modria.com.

17 *Comes v. Microsoft* (Iowa), Zelle Hofmann review of Microsoft Antitrust Litigation, 2015, http://www.zelle.com/featured-1.html.

18 Equivio: http://www.equivio.com.

19 Daniel Martin Katz, Michael James Bommarito, and Josh Blackman, "Predicting the Behavior of the Supreme Court of the United States: A General Approach," July 21, 2014, http://ssrn.

com/abstract=2463244.

20 Liz Day, "How the Maker of TurboTax Fought Free, Simple Tax Filing," *ProPublica*, March 26, 2013, http://www.propublica.org/article/how-the-maker-of-turbotax-fought-free-simple-tax-ling.

21 CalFile: https://www.ftb.ca.gov/online/cal le/index.asp.

22 IRS Free File: http://free le.irs.gov.

23 Organisation for Economic Co-operation and Development, "Using Third Party Information Reports to Assist Taxpayers Meet Their Return Filing Obligations—Country Experiences with the Use of Pre-populated Personal Tax Returns," March 2006, http://www.oecd.org/tax/administration/36280368.pdf.

24 "As E-File Grows, IRS Receives Fewer Tax Returns on Paper," IR-2014-44, April 3, 2014, http://www.irs.gov/uac/Newsroom/As-efile-Grows-IRS-Receives-Fewer-Tax-Returns-on-Paper.

25 计算法律学的一个很好的介绍: Michael Genesereth, "Computational Law: The Cop in the Backseat," The Center for Legal Informatics Stanford University, March 27, 2015, http://logic.stanford.edu/complaw/complaw.html.

26 Mark D. Flood and Oliver R. Goodenough, "Contract as

Automaton: The Computational Representation of Financial Agreements," Office of Financial Research Working Paper, March 26, 2015, http://financialresearch.gov/working-papers/files/ OFRwp-2015-04_ Contract- as- Automaton- The- Computational- Representation- of-Financial-Agreements.pdf.

27 Uniform Law Commission, "Uniform Electronic Transactions Act," http://www.uniformlaws.org/Act.aspx?title=Electronic%20 Transactions%20Act.

28 John R. Quain, "If a Car Is Going to Self-Drive, It Might as Well Self- Park, Too," New York Times, January 22, 2015, http://www. nytimes.com/2015/01/23/automobiles/if-a-car-is-going-to-self-drive-it-might-as-well-self-park-too.html?_r=0.

29 Cal Flyn, "The Bot Wars: Why You Can Never Buy Concert Tickets Online," *New Statesman*, August 6, 2013, http://www. newstatesman.com/economics/2013/08/bot-wars-why-you-can-never-buy-concert-tickets-online.

30 Daniel B. Wood, "New California Law Targets Massive Online Ticket-Scalping Scheme," *Christian Science Monitor*, September 25, 2013, http://www.csmonitor.com/USA/Society/2013/0925/ New-California-law-targets-massive-online-ticket-scalping-scheme.

31 Doug Gross, "Why Can't Americans Vote Online?" CNN, November 8, 2011, http://www.cnn.com/2011/11/08/tech/web/online-voting/index.html.

32 AI magazine, the Association for the Advancement of Artificial Intelligence, http://www.aaai.org/Magazine/magazine.php.

33 Stephen Wildstrom, "Why You Can't Sell Your Vote," Tech Beat, *Bloomberg Business*, July 07, 2008, http://www.businessweek.com/the_thread/techbeat/archives/2008/07/why_you_cant_se.html.

34 Jeanne Louise Carriere, "The Rights of the Living Dead: Absent Persons in the Civil Law," *Louisiana Law Review* 50, no. #5 (1990), 901—971.

35 "Corporation," http://en.wikipedia.org/wiki/Corporation.

36 例如，参见：the New York case of *Walkovszky v. Carlton*, 1966, http://en.wikipedia.org/wiki/Walkovszky_v._Carlton.

37 California Penal Code Paragraph 598B, http://codes.lp.findlaw.com/cacode/PEN/3/1/14/s598b.

38 U.S. Department of the Interior, Bureau of Land Management, California, Off-Highway Vehicle Laws, http://www.blm.gov/ca/st/

人人都应该知道的人工智能

en/fo/elcentro/recreation/ohvs/caohv.print.html.

39 Philip Mattera, "Chevron: Corporate Rap Sheet," Corporate
Research Project, http://www.corp-research.org/chevron (last up-
dated October 13, 2014).

40 David Ronnegard, "Corporate Moral Agency and the Role of the
Corporation in Society," PhD diss., London School of Economics,
2007, http://www.amazon.com/Corporate-Moral-Agency-
Corporation-Society/dp/1847535801.

06 去技能化时代，人工智能会抢走我们的饭碗吗

1 http://en.wikipedia.org/wiki/Agriculture_in_the_United_
States#Employment.

2 U.S. Bureau of Labor Statistics, "Occupational Outlook
Handbook, Cashiers," http://www.bls.gov/ooh/sales/cashiers.
htm#tab-6.

3 Robin Torres, *How to Land a Top-Paying Grocery Store Baggers
Job: Your Complete Guide to Opportunities, Resumes and Cover
Letters, Interviews, Salaries, Promotions, What to Expect from
Recruiters and More*, Emereo, 2012, http://www.amazon.com/
Land-Top-Paying-Grocery-store-baggers/dp/1486116922.

4　Mia de Graaf and Mark Prigg, "FBI Facial Recognition Database That Can Pick You out from a Crowd in CCTV Shots Is Now 'Fully Operational,'" *Daily Mail*, September 15, 2014, http://www.daily-mail.co.uk/news/article-2756641/FBI-facial-recognition-database-pick-crowd-CCTV-shots-fully-operational.html.

5　"Introducing IBM Watson Health," http://www.ibm.com/smarter-planet/us/en/ibmwatson/health/.

6　Carl Benedikt Frey and Michael A. Osborne, "The Future of Employment: How Susceptible Are Jobs to Computerisation?" Oxford Martin School, University of Oxford, September 17, 2013, http://www.oxfordmartin.ox.ac.uk/downloads/academic/The_Future_of_Employment.pdf.

7　准确地说，牛津大学的研究在排名中并没有将白领和蓝领职业区分开，是我将二者分开的。我还挑选出了更常见或更多人知晓的职业。

8　Narrative Science: http://www.narrativescience.com.

07 谁将从这场技术革命中获益

1　Jimmy Dunn, "Prices, Wages and Payments in Ancient Egypt," Tour Egypt, June 13, 2011, http://www.touregypt.net/

featurestories/prices.htm.

2   http://www.pbs.org/wgbh/masterpiece/.

3   Matthew Yglesias, "What's All the Land in America Worth?" *Slate*, December 20, 2013, http://www.slate.com/blogs/ moneybox/2013/12/20/value_of_all_land_in_the_united_states.html.

Simon Maierhofer, "How Much Is the Entire United States of America Worth?" *iSPYETF*, October 22, 2013, http://www.ispyetf. com/view_article.php?slug=How_Much_is_The_Entire_United_ States_of_America_Wo&ID=256#d1BQVb0DfpK7Q3oW.99.

4   这个故事的真实性或至少某些细节有待考证。"'How Will You Get Robots to Pay Union Dues?' 'How Will You Get Robots to Buy Cars?'" Quote Investigator, n.d., http://quoteinvesti-gator. com/2011/11/16/robots-buy-cars/.

5   Blue Origin: https://www.blueorigin.com.

6   The Allen Telescope Array: https://en.wikipedia.org/wiki/Allen_ Telescope_Array.

7   "Capital Market History—Average Market Returns," *Investopedia*, http://www.investopedia.com/walkthrough/ corporate- nance/4/capital-markets/average-returns.aspx.

08 在人工智能失控之前，握紧缰绳

1　想要简要了解超人主义的讨论，请参见 Humanity+ 公司的网站，这是一个具有教育意义的非营利机构，他们会资助研究、举办会议和出版《H+》杂志：http://humanityplus.org。

2　想阅读对该主题的精彩而详细的探讨，请参见：Nick Bostrom, *Superintelligence: Paths, Dangers, Strategies*，Oxford: Oxford University Press, 2014。如果只想简要了解关于失控人工智能的讨论，请参见未来生命研究所的网站：http://futureoflife.org/home。

3　阅读案例请参阅：Ray Kurzweil, *The Singularity Is Near*，London: Penguin Group, 2005。

4　Francis Fukuyama, *Our Posthuman Future: Consequences of the Biotechnology Revolution*，New York: Farrar, Straus & Giroux, 2000. 他主要聚焦在生物操控上，但他传递的基本信息，不要随便招惹人类和人类基因，无论对什么科技而言都是一样的。

5　Vernor Vinge, "The Coming Technological Singularity: How to Survive in the Post-human Era," 1993, http://www-rohan.sdsu.edu/faculty/vinge/misc/singularity.html.

6　Paul Allen and Mark Greaves, "Paul Allen: The Singularity Isn't Near," *MIT Technology Review*, October 12, 2011, http://www.

tech-nologyreview.com/view/425733/paul-allen-the-singularity-isnt-near/.

7 John Smart, "Singularity Timing Predictions," *Acceleration Watch,* http://www.accelerationwatch.com/singtimingpredictions.html.

8 Stuart Armstrong, Kaj Sotala, and Sean OhEigeartaigh, "The Errors, Insights and Lessons of Famous AI Predictions—and What They Mean for the Future," *Journal of Experimental & Theoretical Artificial Intelligence* 26, no. 3 (2014): 317–342, http://dx.doi.org/ 10.1080/0952813X.2014.895105.

9 CS122: Artificial Intelligence—Philosophy, Ethics, and Impact, Stanford University Computer Science Department, cs122.stanford. edu.

10 MIT 的罗莎琳德·皮卡尔德（Rosalind Picard）被普遍认为是情感计算领域的创始人，她发表了同名著作《情感计算》（*Affective Computing*，Cambridge, MA: MIT Press, 1997）。

11 https://en.wikipedia.org/wiki/Kismet_(robot).

12 David Hanson, Hanson Robotics: http://www.hansonrobotics.com.

13 南加大创意技术研究所：http://ict.usc.edu。

14 孩之宝的 Furby：http://www.hasbro.com/en-us/brands/furby; 索
    尼的 AIBO: http://www.sony-aibo.com。

15 *Castaway*, directed by Robert Zemeckis (2000), http://www.imdb.
    com/title/tt0162222/.

16 与机器不同，其他人在生物上与你自己十分相似，这也是一
    个他们可能和你一样能思考和感受的证据。

我很感激几位读者和评论家深思熟虑的意见和建议，尤其是尼尔斯·尼尔森（Nils Nilsson）、迈克尔·斯戴格（Michael Steger）和彼得·哈特（Peter Hart）。

我要感谢牛津大学出版社的组稿编辑杰里米·路易斯（Jeremy Lewis）和助理编辑安娜·兰利（Anna Langley）邀请我写这本书，还有我的项目经理、印度新一代出版和数据服务公司（Newgen Publishing & Data Services）的普拉布·齐纳萨米（Prabhu Chinnasamy）。

我的著作代理人艾玛·帕里（Emma Parry）和她在纽约詹克洛与内斯比特联合公司（Janklow & Nesbit Associates）的同事们在处理版权谈判事宜和提供宝贵建议方面作出了典范。我前文提到的合同经理迈克尔·斯戴格阅读了本书的早期手稿并给出了精彩的评论。

我的文字编辑罗宾·杜布兰克（Robin DuBlanc）雕琢文字的功底令人拍案叫绝，她是一名极佳的语言美容艺术家。要用"等等，诸如此类（and so on）"，别用"等等，以及其他（etc.）"。好的，我知道了。

还要感谢湛庐文化的高级副总裁张晓卿和版权经理郑悦琳不遗余力地将我的书推荐给中国读者。

机器人公司 Rethink Robotics 的罗德尼·布鲁克斯（Rodney Brooks）和休·斯科洛斯基（Sue Sokoloski）爽快地应允我在本书封面上使用他们非凡的 Baxter 协作机器人的照片。

最后，我要感谢我可爱的妻子米歇尔·佩蒂格鲁·卡普兰（Michelle Pettigrew Kaplan）。在我隐遁写作时，她总是不厌其烦地耐心等待。

未来，属于终身学习者

我这辈子遇到的聪明人（来自各行各业的聪明人）没有不每天阅读的——没有，一个都没有。巴菲特读书之多，我读书之多，可能会让你感到吃惊。孩子们都笑话我。他们觉得我是一本长了两条腿的书。

——查理·芒格

互联网改变了信息连接的方式；指数型技术在迅速颠覆着现有的商业世界；人工智能已经开始抢占人类的工作岗位……

未来，到底需要什么样的人才？

改变命运唯一的策略是你要变成终身学习者。未来世界将不再需要单一的技能型人才，而是需要具备完善的知识结构、极强逻辑思考力和高感知力的复合型人才。优秀的人往往通过阅读建立足够强大的抽象思维能力，获得异于众人的思考和整合能力。未来，将属于终身学习者！而阅读必定和终身学习形影不离。

很多人读书，追求的是干货，寻求的是立刻行之有效的解决方案。其实这是一种留在舒适区的阅读方法。在这个充满不确定性的年代，答案不会简单地出现在书里，因为生活根本就没有标准确切的答案，你也不能期望过去的经验能解决未来的问题。

湛庐阅读APP：与最聪明的人共同进化

有人常常把成本支出的焦点放在书价上，把读完一本书当做阅读的终结。其实不然。

时间是读者付出的最大阅读成本
怎么读是读者面临的最大阅读障碍
"读书破万卷"不仅仅在"万"，更重要的是在"破"！

现在，我们构建了全新的"湛庐阅读"APP。它将成为你"破万卷"的新居所。在这里：

- 不用考虑读什么，你可以便捷找到纸书、有声书和各种声音产品；
- 你可以学会怎么读，你将发现集泛读、通读、精读于一体的阅读解决方案；
- 你会与作者、译者、专家、推荐人和阅读教练相遇，他们是优质思想的发源地；
- 你会与优秀的读者和终身学习者为伍，他们对阅读和学习有着持久的热情和源源不绝的内驱力。

从单一到复合，从知道到精通，从理解到创造，湛庐希望建立一个"与最聪明的人共同进化"的社区，成为人类先进思想交汇的聚集地，共同迎接未来。

与此同时，我们希望能够重新定义你的学习场景，让你随时随地收获有内容、有价值的思想，通过阅读实现终身学习。这是我们的使命和价值。

湛庐阅读APP玩转指南

湛庐阅读APP结构图：

- 12+图书订阅服务
- 纸质书
- 有声书
- 电子书

读什么

湛庐阅读APP

怎么读
- 泛读：一书一课
- 通识：通识课
- 精读：精读班

与谁共读
- 优秀的读者和终身学习者

跟谁读
- 作者、译者、专家、推荐人和阅读教练

三步玩转湛庐阅读APP：

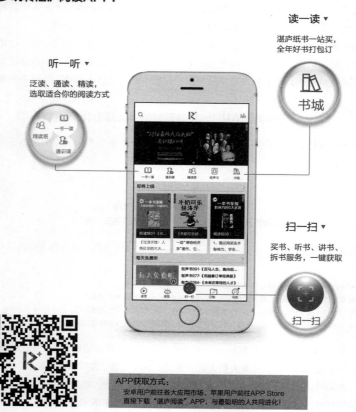

读一读 ▾

湛庐纸书一站买，
全年好书打包订

书城

听一听 ▾

泛读、通读、精读，
选取适合你的阅读方式

精读班　一书一课　通识课

扫一扫 ▾

买书、听书、讲书、
拆书服务，一键获取

扫一扫

APP获取方式：
安卓用户前往各大应用市场、苹果用户前往APP Store
直接下载"湛庐阅读"APP，与最聪明的人共同进化！

使用APP扫一扫功能，
遇见书里书外更大的世界！

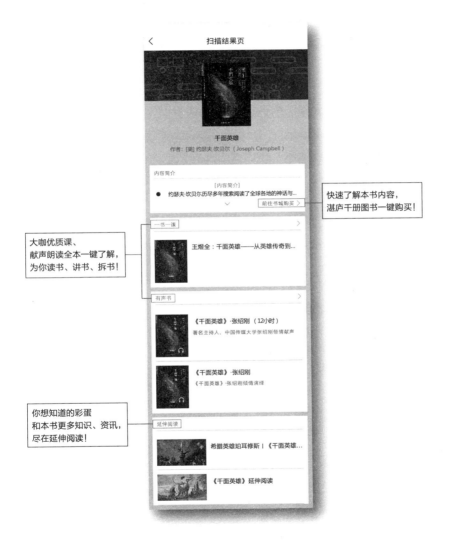

快速了解本书内容，
湛庐千册图书一键购买！

大咖优质课、
献声朗读全本一键了解，
为你读书、讲书、拆书！

你想知道的彩蛋
和本书更多知识、资讯，
尽在延伸阅读！

延伸阅读

《人工智能简史》

◎ 人工智能时代的科技预言家、普利策奖得主、乔布斯极为推崇的记者约翰·马尔科夫重磅新作！

◎ 迄今为止最完整、最具可读性的人工智能史。

使用"湛庐阅读"APP，"扫一扫"获取本书更多精彩内容
ISBN 978-7-213-08451-5

《情感机器》

◎ 人工智能之父、麻省理工学院人工智能实验室联合创始人马文·明斯基重磅力作首度引入中国。

◎ 情感机器 6 大创建维度首次披露，人工智能新风口驾驭之道重磅公开。

使用"湛庐阅读"APP，"扫一扫"获取本书更多精彩内容
ISBN 978-7-213-06942-0

《人工智能的未来》

◎ 奇点大学校长、谷歌公司工程总监雷·库兹韦尔倾心之作。

◎ 一部洞悉未来思维模式、全面解析人工智能创建原理的颠覆力作。

使用"湛庐阅读"APP，"扫一扫"获取本书更多精彩内容
ISBN 978-7-213-07147-8

《人工智能时代》

◎《经济学人》2015 年度图书。人工智能时代领军人物杰瑞·卡普兰重磅新作。

◎ 拥抱人工智能时代必读之作，引爆人机共生新生态。

◎ 创新工场 CEO 李开复专文作序推荐！

使用"湛庐阅读"APP，"扫一扫"获取本书更多精彩内容
ISBN 978-7-213-07260-4

图书在版编目（CIP）数据

人人都应该知道的人工智能 /（美）杰瑞·卡普兰著；汪婕舒译. —杭州：浙江人民出版社，2018.5

书名原文：Artificial Intelligence: What Everyone Needs to Know

ISBN 978-7-213-08751-6

Ⅰ.①人… Ⅱ.①杰… ②汪… Ⅲ.①人工智能 - 基本知识 Ⅳ.① TP18

中国版本图书馆 CIP 数据核字（2018）第 084682 号

浙江省版权局
著作权合同登记章
图 字:11-2018-67 号

上架指导：科技趋势 / 人工智能

版权所有，侵权必究

本书法律顾问　北京市盈科律师事务所　崔爽律师

张雅琴律师

人人都应该知道的人工智能

[美] 杰瑞·卡普兰　著

汪婕舒　译

出版发行：浙江人民出版社（杭州体育场路 347 号　邮编　310006）

市场部电话：（0571）85061682　85176516

集团网址：浙江出版联合集团　http://www.zjcb.com

责任编辑：蔡玲平

责任校对：杨　帆

印　　刷：天津中印联印务有限公司

开　　本：880 mm×1230 mm　1/32　　　**印　　张**：7.625

字　　数：135 千字　　　　　　　　　　**插　　页**：5

版　　次：2018 年 5 月第 1 版　　　　　　**印　　次**：2018 年 5 月第 1 次印刷

书　　号：ISBN 978-7-213-08751-6

定　　价：59.90 元